超快激光局域调控
光热敏折变玻璃及其应用研究

王 旭 著

中国石化出版社
·北京·

内 容 提 要

本书的主要内容包括：光热敏折变玻璃的研究现状，超快激光场下其光化学响应研究，超快激光制备光热敏折变玻璃基体布拉格光栅、光波导器件研究，超快激光场下稀土掺杂光热敏折变玻璃的光化学响应特性及应用研究等。

本书可作为从事超快光学、超快激光加工、微纳器件制备及相关专业的科研人员和技术人员参考用书。

图书在版编目（CIP）数据

超快激光局域调控光热敏折变玻璃及其应用研究／王旭著．—北京：中国石化出版社，2023．11
ISBN 978-7-5114-7313-4

Ⅰ．①超…　Ⅱ．①王…　Ⅲ．①超短光脉冲-应用-玻璃-功能材料-研究　Ⅳ．①TQ171．7

中国国家版本馆 CIP 数据核字（2023）第 226790 号

中国石化出版社出版发行
地址：北京市东城区安定门外大街 58 号
邮编：100011 电话：(010)57512500
发行部电话：(010)57512575
http://www.sinopec-press.com
E-mail：press@sinopec.com
北京艾普海德印刷有限公司印刷
全国各地新华书店经销

*

710 毫米×1000 毫米 16 开本 10.5 印张 174 千字
2023 年 11 月第 1 版　2023 年 11 月第 1 次印刷
定价：65.00 元

前言

超快激光由于具备超短脉宽和超高峰值功率密度等极端物理优势，可诱导产生一系列不同于传统激光器与物质相互作用时的实验现象。这些新效应和新现象极大地丰富了人们对光与物质相互作用的认知，并促进了激光领域的发展。同时，聚焦超快激光与透明材料相互作用时展现出的非线性效应，赋予了其对材料空间选择性改性及修饰的强大功能，使得基于超快激光的三维微纳制造技术向产业化快速前进。光热敏折变(Photo-thermo-refractive，PTR)玻璃是制备衍射光学器件、微流器件、微光机电系统等常用的多功能基底，具备光学性质优异、物化稳定性高及折射率调制量大等优势。但基于PTR玻璃线性光热敏特性的传统紫外双光束干涉工艺并不具备三维空间选择性，从而严重制约了其在小型化三维集成器件制备领域的发展。

鉴于此，本书给出一种研究思路，即利用超快激光在材料作用区域内的高度局域化及三维空间选择性，再结合PTR玻璃所具备的特殊光热敏特性和后续热处理工艺，可使PTR玻璃在集成器件制备方面拥有更广泛的应用前景。本书旨在探究超快激光在改性PTR玻璃中的物理现象实质，介绍超快激光局域调控PTR玻璃内的光化学响应过程，致力于探究非线性光热敏过程中缺陷及纳米晶体的演化机理，并进一步探讨了PTR玻璃在集成光学领域中的基础应用，为深入理解超快激光与多组分微晶玻璃作用机理、设计高性能高质量光学集成器件提供理论和实验依据。

本书第1章简要介绍了研究背景和超快激光诱导透明材料改性的发展现状；第2章介绍了微晶玻璃特性以及PTR玻璃研究现状；第3章阐述了超快激光与透明材料相互作用过程中所涉及的物理过程和基本理论，以及相关的表征方法；第4章介绍了PTR玻璃内部的非线性光化学过程，重点阐述了PTR玻璃存在的缺陷及纳米晶体的形成演变机理；第5章介绍了利用超快激光制备PTR玻璃基体布拉格光栅的方法及光栅指标影响因素；第6章介绍了不同刻写方式下的PTR玻璃基光波导制备及导光性能；第7章介绍了稀土掺杂的PTR玻璃非线性光热敏特性及其应用研究。

本书获西安石油大学优秀学术著作出版基金资助出版，在此表示感谢。

由于著者水平有限，书中难免有疏漏和不足之处，希望广大读者提出宝贵意见和建议。

目 录

第 1 章

绪　论

1.1 研究背景

光敏玻璃是一类以硅酸盐为主体，通过添加贵金属离子(如 Au、Ag、Cu 离子等)，使其在短波辐照和热处理条件下可产生颜色或结构变化的特种光学玻璃。其中，光热敏折变(Photo-thermo-refractive，PTR)玻璃是一种基本组分为 SiO_2-Al_2O_3-ZnO-Na_2O 的透明硅酸盐体系光敏玻璃。通过掺杂 CeO_2 和 $AgNO_3$ 等成分，PTR 玻璃在紫外曝光和热处理过程中，其内部会发生敏化及晶化，产生与玻璃基质折射率不同的微晶颗粒(如 NaF)，从而实现折射率调制，其调制量最高可达 1000×10^{-6}。通过改变玻璃组分中卤族元素的种类，可以实现折射率的正向或负向调制。此外，光热敏作用下产生的微晶折射率不仅与基底折射率相差较大，同时其尺寸较小，在可见光波段散射现象并不明显。因此，PTR 玻璃不仅具备其他光敏微晶玻璃热膨胀系数可调、机械性能优异、热稳定性和化学稳定性高等优点，还兼具折射率调制量高、光学性质优异的特点。伴随着高性能紫外激光器技术的发展，PTR 玻璃成为制备衍射光学器件(如体布拉格光栅)及微流器件等常用的多功能基底。采用紫外光源曝光结合“两步法”热处理传统方法制备的体布拉格光栅及相位板目前均已实现商业化，其衍射效率高达 99.9%，在激光技术、光电探测、分析等领域得到了广泛应用。

上述 PTR 玻璃加工工艺以线性光敏特性为理论基础，即 Ce^{3+} 在紫外波段(280~350nm)的线性吸收特性。通常选用 He-Cd 连续激光器作为曝光光源，结合双光束干涉法在 PTR 玻璃内部制备光栅等光学衍射元件。近年来，随着光电子技术的迅速发展，传统的光学元件正逐步向微型化、集成化方向过渡，而传统紫外双光束干涉工艺由于受线性吸收的影响，穿透深度不够，且深度方向上均匀性较差，同时不具备三维空间选择性，严重制约了基于 PTR 玻璃的复杂集成器件制备，且无法满足其任意三维精密加工的需求。

随着激光技术的飞速发展，人们对激光脉冲宽度、脉冲能量的需求不断提高，调 Q 技术和锁模技术应运而生。随着各种锁模技术的建立，超快激光(小于皮秒量级，10^{-12}s)相对于连续激光和长脉冲激光所具备的超短脉冲宽度和超高峰值功率密度等独特优势，为人类认识和探索物质的发展过程提供了一项全新的技术，使得超快激光这一重要研究领域得到了迅速发展。其中，锁模技术从 20 世纪开始被研发，在经历了主动、被动和克尔透镜自锁模三个阶段之后，百飞秒量级以下超短激光脉冲的实现方式得到了巨大改进。钛蓝宝石飞秒激光振荡器作为新时代集成化更高、稳定性更好的锁模激光器逐渐取代了发展初期的染料激光器，将超短脉冲激光器推向更加广阔的应用领域。超短脉冲激光振荡器的重复频率一般在几十兆赫兹量级，并且其单脉冲能量只能维持在纳焦耳量级。若将振荡器直接输出的超短脉冲进行光学放大，那么由于非线性效应的影响，超短脉冲将会在激光晶体内部形成光丝甚至损伤，无法进行有效的能量放大，同时还破坏了晶体元件。穆鲁(Mourou)和他的学生斯特里克兰(Strickland)创造性地运用啁啾脉冲放大技术将这一难题攻克：他们将振荡器输出的脉冲在时间维度进行了展宽，在大幅降低其峰值功率密度的同时消除了大部分非线性效应。因此，种子脉冲可以从光泵浦中得到足够的能量进行光学放大，然后再通过压缩元件将能量放大后的脉冲压缩至超短脉冲范围后输出。目前，通过此技术所获得的单脉冲能量高达毫焦耳甚至焦耳量级。用透镜或者透镜组将超短脉冲进一步汇聚后，能够在焦点处产生 10^{19} W/cm^{2}的极高峰值功率密度。此项技术为超快、超强激光与物质相互作用的机理和应用研究提供了实验基础。随着超短脉冲激光及啁啾脉冲放大技术的诞生，激光加工技术达到了一个全新的高度。

1987 年，Srinivasan 和 Küper 等人率先开展了利用紫外飞秒激光器在高分子聚合材料(PMMA)衬底上制备微孔结构的研究。这项工作为超快激光的应用发展提供了新的思路和方向。随后，科研人员开始利用超快激光加工各类材料，出色的加工质量和极高的加工精度使超快激光加工技术进入了高速发展期。相较于传统机械加工，超快激光在材料加工中展现出的高精度、三维微加工、热影响区小等诸多优点，使其成为材料微加工领域中一种高效且不可替代的三维微纳制造工具。因此，超快激光为集成光学、信息处理、微流体等三维器件的制造提供了强有力的技术支撑并推动其向产业化方向快速前进，在传统的增/减材制造、透明材料的改性、表面微纳结构的制备、生物医疗和工业商业等方面获得了广泛持久的关注和应用。这些重要应用进展的取得以研究人员对超快激光与物质相互作用过程的深刻认识为基础，其中不仅涵盖了超快激光方面的基本理论知识，还包括材料对超快激光的反应和动力学过程。因而对超快激光脉冲时空的调制，结合创新型材料的制备，可以达到拓宽超快激光制造潜能的目的。

利用超快激光作为曝光光源，PTR 玻璃将不仅具有线性光敏特性，超快激光所具有的超高峰值功率密度还会诱导 PTR 玻璃产生一系列丰富的非线性效应，例如多光子吸收、雪崩电离等。结合 PTR 玻璃本身具有的光化学反应和优异的光学质量，这些被不断发现的新现象和新效应极大地发展和丰富了人们对光与物质相互作用的认识。同时，超快激光在透明材料内部可实现空间选择性的能量局域化，使其具备对PTR玻璃内部局域结构的改性能力，为开发多功能的复杂三维嵌入式光路提供了行之有效的方法。

利用超快激光在材料内部的高度局域化及三维空间选择性，结合PTR玻璃本身的特殊光热敏特性，可使PTR玻璃在集成器件制备方面拥有更广泛的应用前景。由于在激光作用区域可诱导形成纳米晶体，控制热处理时间能够调制曝光区域内纳米晶粒的尺寸，进而直接调控曝光区域的折射率变化量。因此，PTR玻璃在超快激光曝光方式下的应用潜力完全依赖于更好地理解和掌握其非线性光敏过程及其纳米晶体生长动力学过程，从而更好地展开制备及优化可实现多功能的集成式光学器件、微光机电系统、微流体器件、微光学元件等领域的相关研究。

1.2 超快激光诱导透明材料内部改性研究概述

超快激光可直接作用于材料任意指定的空间位置，对其结构、物理化学性质等进行直接调控。近30年来利用超快激光已经成功在不同性质的材料上实现了微加工，主要包括：在金属或半导体等材料表面进行微加工；在透明材料内部实现局部改性的三维微加工；在光聚合材料内部利用双光子聚合效应进行三维光刻等。本书主要聚焦于超快激光对PTR玻璃的改性研究，因此下面将重点介绍超快激光加工的特点及其在透明材料内部改性的研究进展。

1.2.1 超快激光加工的优点

相较于传统激光，紧聚焦后的超快激光在焦点处与材料相互作用时所具备的非线性特性，使其在材料加工领域展现出了独特且不可替代的价值。相较于其他加工技术，超快激光在加工领域的主要优势如下：

（1）热影响区域小。传统激光加工中所使用的激光脉冲宽度基本为纳秒量级甚至更长，因此聚焦后的光斑最小也在微米量级，加工过程中的热扩散现象明显，严重影响加工精度。而超快激光的脉冲宽度非常窄，常用范围在几十个飞秒和几个皮秒之间，远远小于材料中受激电子通过转移转换等形式的能量释放时间。在能量释放之前超快激光脉冲作用已结束，因此有效抑制了激光作用区域周围热影响区的形成及扩散，所以超快激光加工也被称为“冷加工”方式，这也是超快激光加工获得高精度和高质量的前提。值得注意的是，当脉冲重复频率足够高时，脉冲之间的热累积效应导致的热扩散现象将无法忽略。

（2）加工效率高。在激光烧蚀过程中，脉冲辐照后的百皮秒左右会产生烧蚀等离子体(LIPAA)。在纳秒激光的情况下，LIPAA 会对后续的脉冲进行屏蔽，从而导致部分激光被损耗，进一步降低了激光加工效率。而对于超快激光，激光辐照在 LIPAA 形成之前就已经停止，促进了材料对激光能量的吸收，使加工效率得到了有效提高。

（3）加工材料范围广。超快激光与材料相互作用时，由于其极高的峰值功率密度(对微焦量级的激光脉冲聚焦后可达 10^{13}W/cm^2)，几乎超过了各类材料的光学损伤阈值，可以很容易地产生多光子吸收、隧穿电离、雪崩电离及库伦爆炸等一系列非线性过程，使得材料内部的电子可瞬间脱离电场束缚，完成高质量的材料加工。超快激光可以引发金属到半导体、脆性材料到生物柔性材料、有机物至无机化合物上述一系列非线性过程。

（4）任意复杂的三维结构。由于超快激光与材料相互作用具有非线性阈值效应，因此，当光强超过材料烧蚀阈值的超快激光经过聚焦透镜聚焦至透明材料中时，在焦区内会诱导产生多光子吸收等非线性效应。通过控制超快激光写入光功率，并利用数值孔径(NA)较大的物镜进行聚焦，在三维位移平台的配合下，从而实现样品内部任意结构的三维精密微加工。

（5）突破衍射极限的空间分辨率。超快激光与材料作用区域高度局域化，有效抑制能量向周边扩散，将加工区域限制在光斑尺寸范围内。结合多光子吸收特性，加工区域分辨率可以突破衍射极限。图 1.1 为透明材料加工时电子的激发过程示意图，从图 1.1(a1)和图 1.1(a2)中可以看出，对于单光子吸收(线性吸收)，当光子能量大于等于带隙时，材料才可以吸收光子从而激发电子从价带跃迁至导带；而对于小于带隙的光子则无法实现电子的跃迁。但当入射激光的峰值光功率密度极高时[见图 1.1(b1)和图 1.1(b2)]，可以触发样品产生多光子吸收机制，从而激发电子实现跃迁。

在超快激光与材料相互作用发生多光子吸收的过程中，且多光子吸收阶数为 n 时，多光子的吸收系数和激光强度的 n 次方为正比关系，材料吸收的能量空间分布则随着 n 的增加而变窄。对于传统的高斯型激光加工，多光子吸收区域内有效的光束直径 ω 可表示为：

$$\omega=\omega_0/\sqrt{n}=0.61\lambda/(NA\cdot\sqrt{n}) \tag{1.1}$$

式中，ω_0为光束聚焦后的直径；λ 为激光波长；NA 为聚焦物镜的数值孔径。

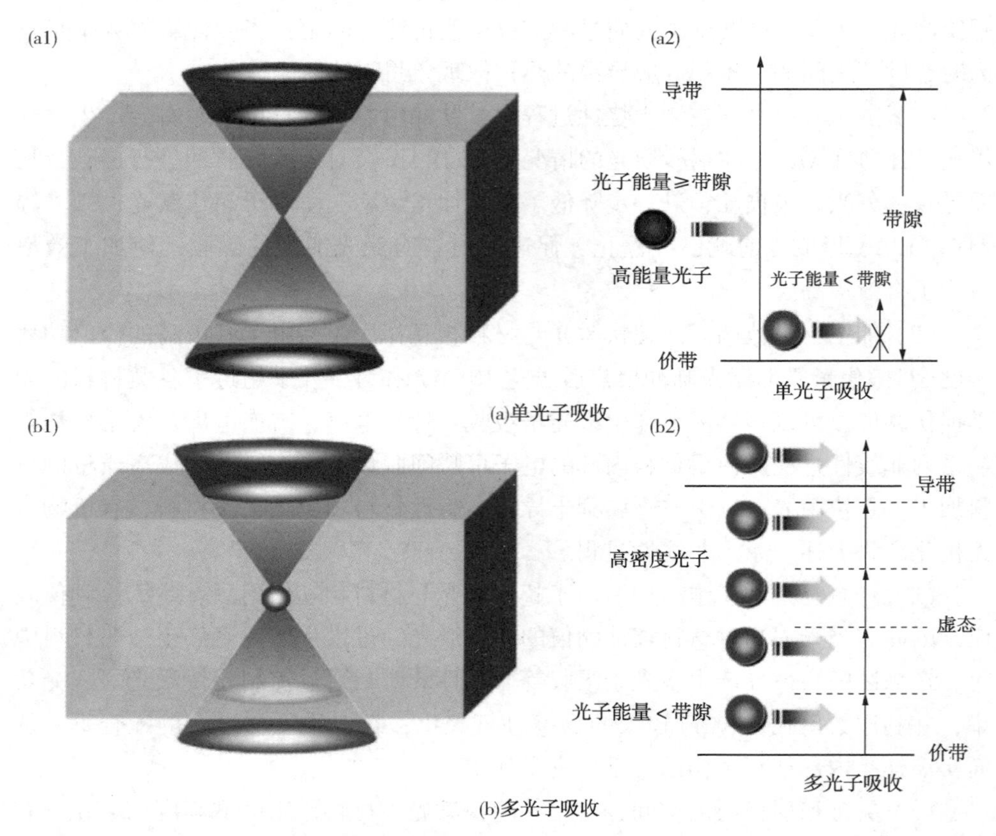

图 1.1　超快激光在透明材料中加工示意图及相应的电子激发过程

可以看出，多光子吸收的空间分辨率远小于波长，调节激光能量和使用 *NA* 值较高的聚焦物镜，可以进一步优化线宽。

1.2.2　超快激光诱导透明材料内部改性的研究进展

近年来，利用超快激光在透明材料(玻璃、晶体)中制备微纳结构已逐渐成熟且多样化，集成的微器件在信息科学和集成光学等领域获得了广泛的应用。对于透明材料，超快激光诱导其局域改性引起的结构变化主要可以分为四种：光学着色、折射率变化、微孔洞和微裂纹。其中，光学着色主要是由超快激光与材料相互作用时内部产生色心或活性离子(如稀土离子或过渡金属离子)价态发生变化所引起的；折射率改变主要是由材料局部致密化和原子缺陷的产生而引发的；而微孔洞的形成是材料中局部重熔和压力冲击波传播带来的结构变化；微裂纹则是超快激光对材料产生的破坏性光学击穿的结果。光学着色和折射率变化一般发生在激光能量较低的情况下，后续可通过热处理等手段进行恢复，而微孔洞和微裂纹两种结构则是在高能量的超快激光辐照下产生的。因此，不同微结构的产生是由材料本身性质和所使用激光参数共同决定的，且不同程度的改性结构决定了材料作为器件所具备的功能。下面将从四个不同应用层面来介绍超快激光诱导透明材料内部改性的研究进展。

（1）光子器件。超快激光调控透明材料折射率是制备光波导的理论基础。1996年Davis等人首次利用钛宝石飞秒激光器在各类透明玻璃内部刻写出了折射率变化的轨迹，证实了可利用超快激光实现在玻璃内部光波导的制备。自此，超快激光光刻波导技术得到了迅速发展。该技术操作简单，无须接触，且适用于各种材料，超快激光的三维刻写能力更是赋予了波导回路极高的集成度。因此，光波导作为现代集成光学与光电子学的基础性结构，广泛用于制备各种三维微纳光子器件。

1999年，Homoelle等人首次采用脉冲宽度60fs、重复频率1kHz的钛宝石飞秒激光器在熔融石英玻璃内成功制备了分支角为0.5°的二维Y形耦合器。随后，Liu等人基于级联技术，同样利用钛宝石飞秒激光器在熔融石英玻璃内分别制备了1×2、1×4和1×8的二维Y形分束器，在1550nm波段插入损耗分别为6.72dB/cm、10.1dB/cm和16.39dB/cm。2003年，Nolte等人利用飞秒激光在石英玻璃中成功刻写出了三维Y形分束器，采用1050nm光源测试得到该分束器分束能量比为32：33：35，传输损耗约为6.8dB/cm，其结构及输出近场模式如图1.2所示。耦合器和分束器均属于无源类器件，内部不掺杂增益介质，为了降低光在内部传输过程中的衰减，可以通过优化器件结构和激光写入参数降低无源光子器件的传输损耗。基于耦合器和分束器所制成的复杂光子器件如马赫-曾德尔干涉仪在光通信和传感等领域中有着广泛的应用。

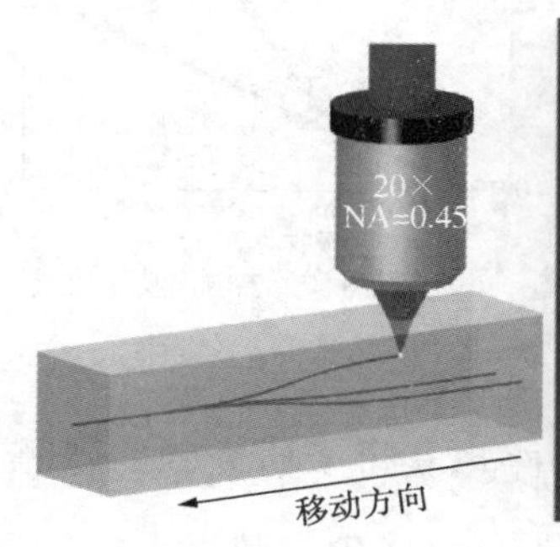

(a)飞秒激光直写三维Y形分束器示意图

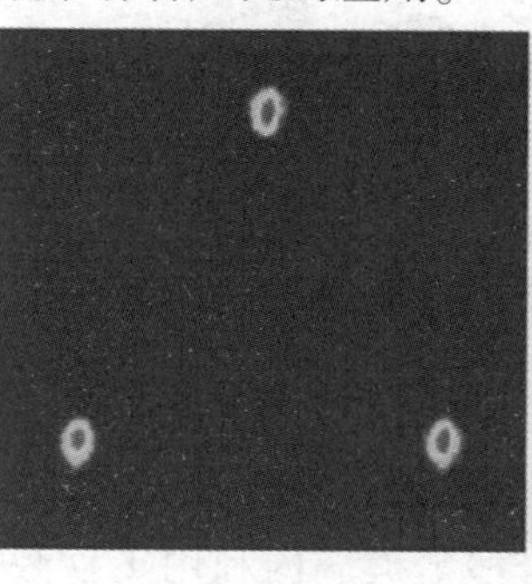
(b)导光近场模式测试图像

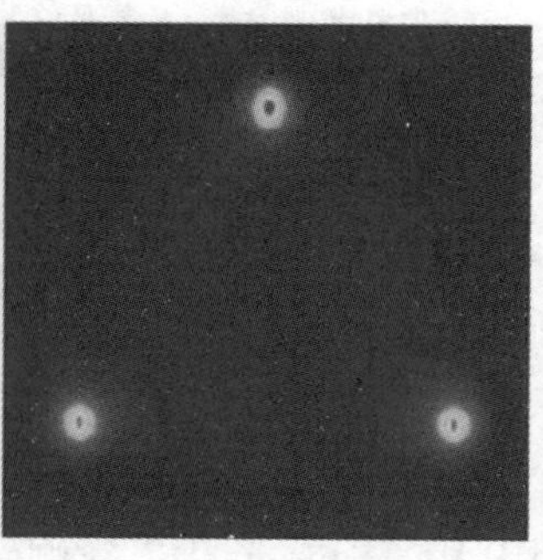
(c)导光近场模式模拟结果

图1.2　三维Y形分束器结构及输出近场模式

研究人员同时针对有源光子器件的制备展开了深入研究。通过在玻璃或晶体内掺杂活性离子，如 Nd^{3+}、Yb^{3+}、Er^{3+} 等稀土离子，利用超快激光可以实现在样品中制备波导放大器或波导激光器等有源光子器件。2005 年，Valle 等人利用波长 1040nm、重复频率 885kHz、脉冲宽度 350fs 的 Yb：KGW 飞秒激光器作为刻写光源，在铒钇共掺的磷酸盐玻璃内制备了光波导放大器，并在光通信 C 波段不同波长处进行了测试，其表征装置和增益曲线如图 1.3(a1) 和图 1.3(a2) 所示。结果表明，该放大器可用于全 C 波段，在波长 1535nm 处增益高达 9.2dB。2010 年，Tan 等人利用超快激光直写技术在 Nd：$GdVO_4$ 晶体内成功制备了连续波导激光器，激光器的激光实验装置和输出功率曲线如图 1.3(b1) 和图 1.3(b2) 所示。当耦合输出镜透过率为 90%时，激光器斜效率可高达 70%。波导激光器不仅结构紧凑、集成化程度高，还具备阈值低、效率高等优点，在工业、科研、军事和通信等领域都有着广泛的应用。

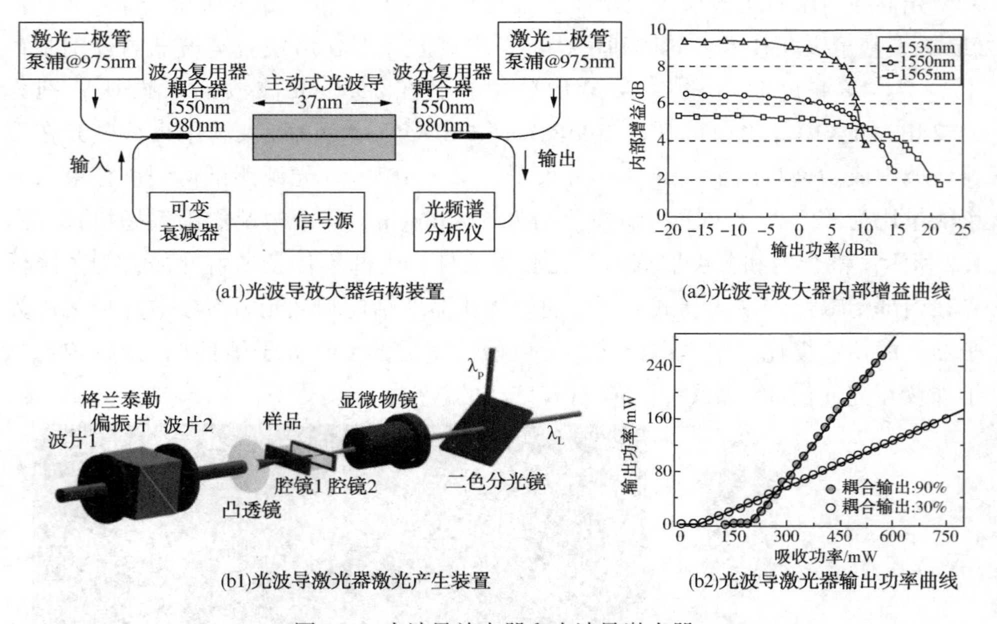

图 1.3　光波导放大器和光波导激光器

近年来，随着量子领域的发展，集成量子光子回路也获得了研究者的青睐。2010 年，Sansoni 等人在硼硅酸盐玻璃内利用飞秒激光直写技术，制备了一种具有保偏功能的集成定向耦合器，如图 1.4(a) 所示。该器件可作为分束器支持编码光量子比特。研究人员还利用该器件演示了双光子纠缠态，其非经典干涉可见度可达 90%以上。该项研究证实了利用超快激光直写技术可以实现对光量子传感、计算的小型量子光学系统实验室制备的可行性。除此之外，利用超快激光还可以实现新颖的三维光子回路。2018 年，Tang 等人利用飞秒激光在硼硅酸盐玻璃中构建了一个具有 49×49 节点的二维晶格结构[如图 1.4(b)所示]，利用该光子芯片演示了空间二维量子行走。这为量子模拟和量子计算提供了一个强大的平台。此外，超快激光制备的光子器件还包括微光学元件(如微透镜、菲涅尔波带片等)、光学微腔及频率转换器等，体现了超快激光在三维光子器件集成领域的巨大优势和潜力。

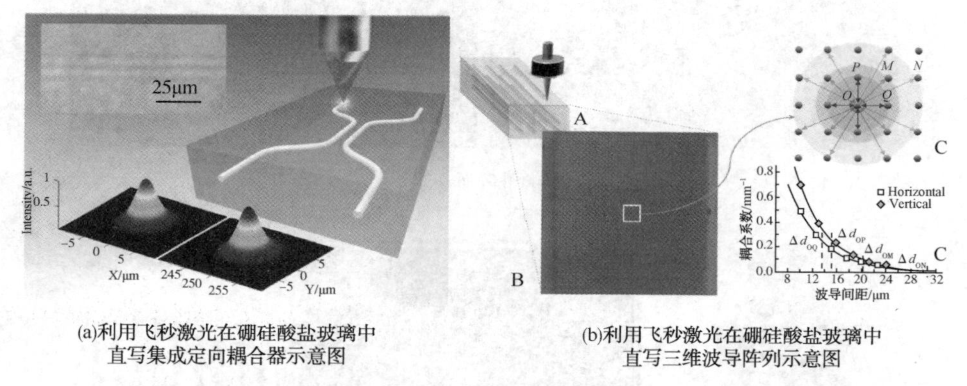

(a)利用飞秒激光在硼硅酸盐玻璃中直写集成定向耦合器示意图

(b)利用飞秒激光在硼硅酸盐玻璃中直写三维波导阵列示意图

图 1.4　利用飞秒激光在硼硅酸玻璃中直写集成定向耦合器及三维波导阵列示意图

(2) 三维光存储。随着信息时代的到来和迅猛发展，社会的发展、科技的进步和人们的需求对信息存储的要求不断提高，人们对高密度、大容量、长寿命、低价格的光存储有着迫切需求，而利用超快激光在材料中诱导微结构就可以实现这一需求。1996 年，Glezer 等人基于微爆理论，利用紧聚焦的超快激光在透明材料中制备了层间距 15μm、点间距 2μm 的微孔阵列结构，这些微孔代表二进制中的“1”，未加工区域代表“0”，实现了数据的读写功能，其存储密度为 17Gbit/cm^3，微孔阵列结构如图 1.5(a)所示。随着工艺的不断优化和存储密度的不断提升，2014 年，Zhang 等人利用线偏振的飞秒激光在玻璃内部诱导出了纳米光栅结构，实现了包括快慢轴方向、相位延迟以及空间 *XYZ* 三个方向的五维数据存储，相较于传统的蓝光光碟，其存储量高达几百个 TB；同时，由于选用石英玻璃作为原材料，热稳定性高达 1000℃，即室温下寿命几乎是无限的，纳米光栅结构如图 1.5(b)所示。2021 年，Sun 等人报道了利用超快激光在玻璃中直接写入三维钙钛矿量子点。这种在玻璃中直接写入发光量子点的技术具有通用性，例如可以在相应的玻璃中直接绘

制 $CsPbBr_3$ 量子点及 $CsPbCl_3$ 量子点等构成的三维阵列。

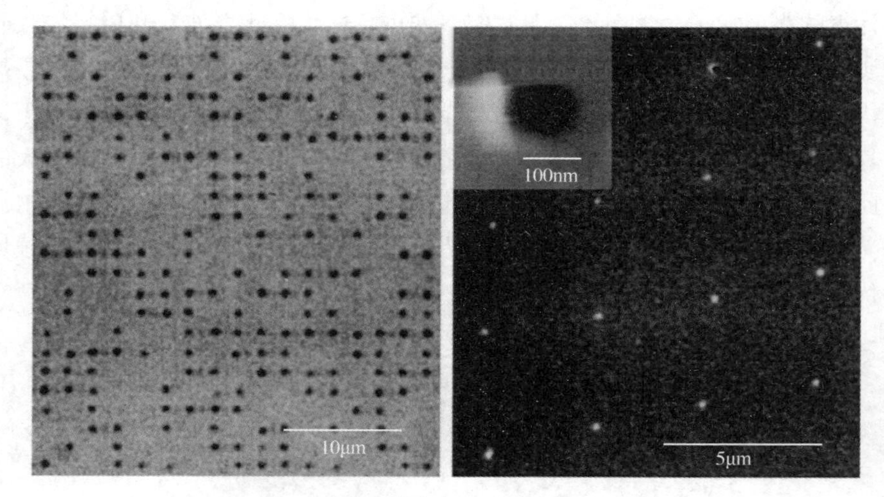

(a)微孔阵列

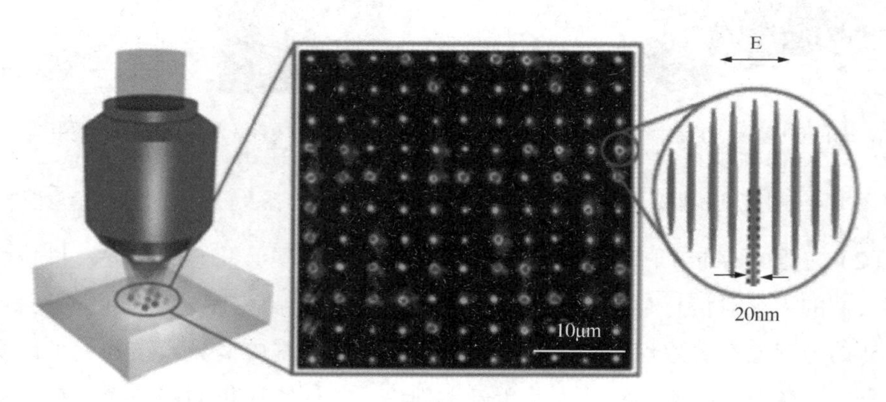

(b)纳米光栅

图 1.5　超快激光在透明材料里制备的光存储结构

（3）微流控芯片。微流体技术是一种在微尺度（μm/mm）下操纵复杂流体的技术，从属于交叉类学科，在微电子、生物、化学、医学等领域都有着极其重要的应用。微流控芯片的高度集成化赋予了它“芯片实验室”的称号。普遍使用的芯片制备技术是基于聚合物衬底的软光刻实现的，该技术目前已非常成熟，但依然存在着易碎、易散射等缺陷。而超快激光对透明材料的直写技术解决了上述问题。目前利用超快激光制备微流控芯片的方法主要分为两种——液体辅助法和化学腐蚀辅助法，其加工原理如图 1.6 所示。

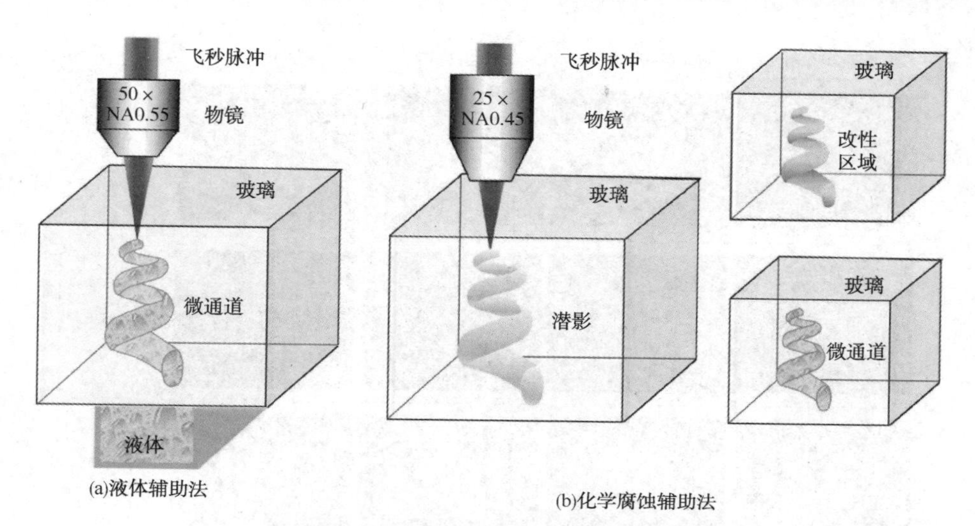

(a)液体辅助法

(b)化学腐蚀辅助法

图 1.6　超快激光加工微流控芯片原理

2011 年，Li 等人利用蒸馏水进行辅助，成功在石英玻璃内部制备出螺旋状微通道阵列，其中，微通道长度为 1mm，通道直径为 50μm。微通道结构如图 1.7(a)所示。研究表明，控制微通道的分布、线圈数、直径和螺距等参数，可获得无形变的三维微通道阵列。2019 年，Wang 等人在光敏玻璃中采用湿法腐蚀处理的方法，构建了一种多层的微流控芯片，后续和聚合物集成了一种 8 层的微流控通道，结构如图 1.7(b)所示。这种混合工艺不仅充分体现了各自技术上的优势，并且弥补了其不足之处，为未来制备基于不同材料的多功能一体化三维微流控芯片提供了新的途径。

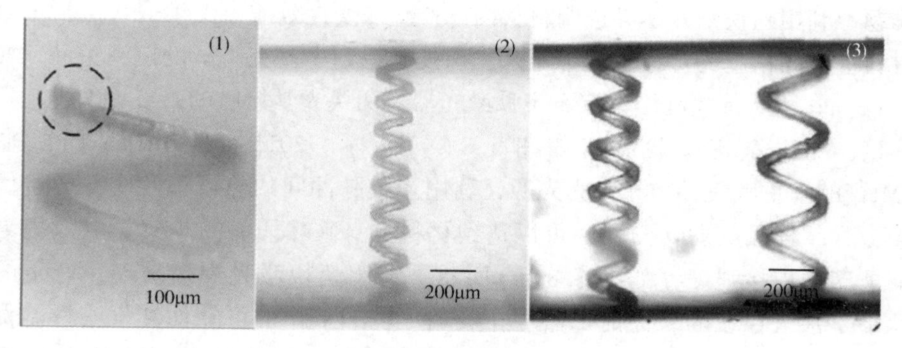

(a)螺旋状微通道

图 1.7　微流控芯片结构

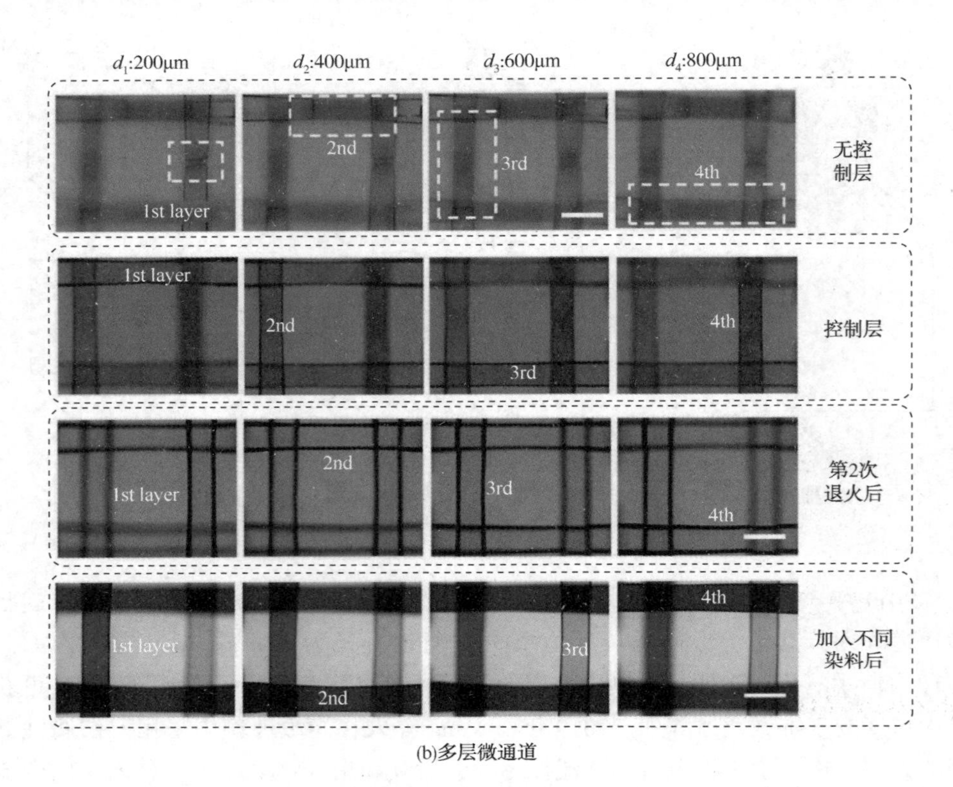

(b)多层微通道

图 1.7　微流控芯片结构(续图)

(4) 激光玻璃焊接。由于大多透明材料在温度骤变过程中易出现开裂和破损现象，从而导致透明材料的焊接一直以来都是工业及科研领域中富有挑战性的技术难题。利用超快激光诱导透明材料内部产生非线性效应，无须嵌入层，可直接对材料进行高精度的焊接。近十年来，该技术得到了研究人员的广泛关注。2005年，Tamaki 团队首次利用钛宝石飞秒激光器对两块光学接触的石英玻璃进行了直接焊接，加工系统实验装置如图 1.8(a) 所示。2011 年，Richter 团队采用 9.4MHz 的高重频飞秒激光作为光源，利用连续脉冲间的热累积效应，通过优化激光参数，样品的剪切力强度可以达到材料本身破坏阈值的 75%，有效提高了石英玻璃的焊接强度，如图 1.8(b) 所示。利用超快激光焊接玻璃，产生的焊线几乎是永久存在的，保证了器件在极端环境下工作的可靠性和气密性。优化激光加工工艺，可在新型玻璃材料中实现更多功能兼具小型化特点的复杂器件。

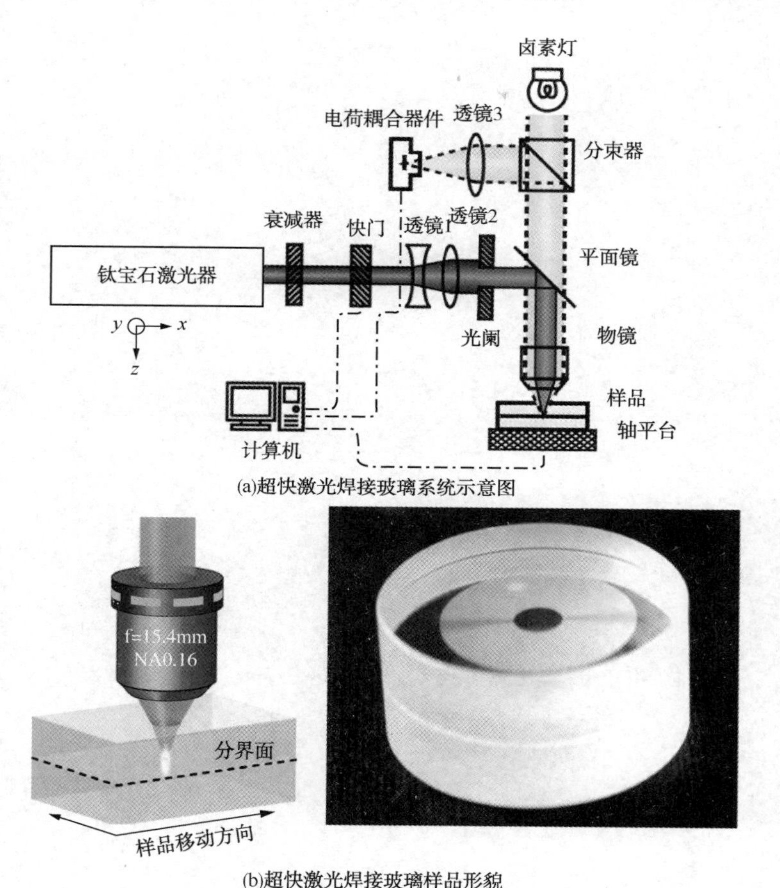

图 1.8　超快激光焊接玻璃系统示意图及样品形貌

根据上述研究进展可以看出，利用超快激光对透明材料尤其是玻璃材料的改性研究，在光子器件、传感器及生物医学等技术领域都有着重要的应用。未来，随着对超快激光与材料相互作用机理的深入研究，通过不断优化超快激光加工工艺，同时展开对创新型材料及激光加工系统的制备和研发，超快激光加工技术必将突破一个个技术壁垒，推动该技术在高端制造领域的发展与应用，并大幅度提升在工业领域的应用占比。

第 2 章

PTR玻璃

2.1 微晶玻璃

2.1.1 玻璃

玻璃是一种经过熔融、冷却和固化的非结晶无机物(在某些特定条件下，玻璃也可产生结晶态)。一般最常见的无机玻璃包括磷酸盐玻璃、硅酸盐玻璃、硼酸盐玻璃等。无机玻璃具有以下四个主要特征。

(1) 各向同性。对于非晶态玻璃而言，其内部的原子排列表现为近程有序而远程无序。宏观上，玻璃态物质的弹性模量、硬度、热导率、热膨胀系数、电导率及折射率等参数在玻璃的各个方向上都相同，表现为均质结构，但是当玻璃内部存在应力时，其均匀性就会遭到破坏，从而表现出各向异性的特点。

(2) 介稳性。对于玻璃而言，由于在冷却过程中玻璃的黏度急剧变大，玻璃内部的质点无法形成低能量态、规则排列的晶体。因此，相对于结晶物质而言，玻璃处于介稳态且具有较大的内部能量。但是在常温条件下，玻璃黏度过高且动力学条件不足，所以不能自主地转变为晶体。也就是说，只有当外界条件满足玻璃转化为晶体所需的势垒时，玻璃才会产生析晶现象，因此玻璃态处于介稳态。

(3) 无固定熔点。玻璃从熔融态向固态转变的过程中，由于温度降低，熔融态玻璃的黏度增加，最终形成固态的玻璃。在这个凝固的过程中，并没有新的晶体产生，且该凝固过程的温度范围较宽。因此，玻璃并没有固定的熔点，只是存在一个软化温度范围。

(4) 性质变化的可逆性与连续性。玻璃从熔融态冷却至固态或者从固态加热至熔融态的过程中，其化学及物理性质会发生可逆且连续的变化。

2.1.2 玻璃的结构

不同组分的玻璃具有不同的内部结构，其主要原因是：玻璃的结构主要是由组成该玻璃的原子基团及各原子基团间的化学键所决定的。这些原子基团是组成玻璃的基本结构单元，具有不同的结构网络，包括三维网络(骨架结构)、二维网络(层状结构)及一维网络(链状结构)。混合进玻璃内部的化合物一般可分为三类。第一是玻璃网络外体，即以独立的原子或离子态存在于玻璃网络结构之外。例如，一些碱金属离子就能够孤立地存在于结构网络以外的空隙之中。第二类是玻璃生成体化合物，即这些化合物可以进入玻璃网络结构。第三类是既可以存在于玻璃网络之外又可以进入玻璃网络的中间体。

研究人员通过大量研究总结出了几种不同的玻璃结构假说，其中占主导地位的是无规则网络学说和晶子学说。

（1）无规则网络学说。无规则网络学说是由 Zachariasen 根据结晶学提出的利用三维网络空间构造解释氧化物玻璃的内部结构。如图 2.1 所示，一个氧离子最多可以和两个正离子相连接，这些氧多面体利用位于顶角的公共氧实现不规则的连接，这些公共氧可以通过形成“氧桥”的方式将两个网络连接起来，形成三维空间上的不规则网络。该模型具有以下四个特点：①一个氧离子最多能和两个阳离子连接；②该网络结构中的多面体不会出现共边或共面等现象；③阳离子周围的氧离子数最多为 4 个；④氧多面体中应至少有三个氧离子与相邻的氧多面体共有。

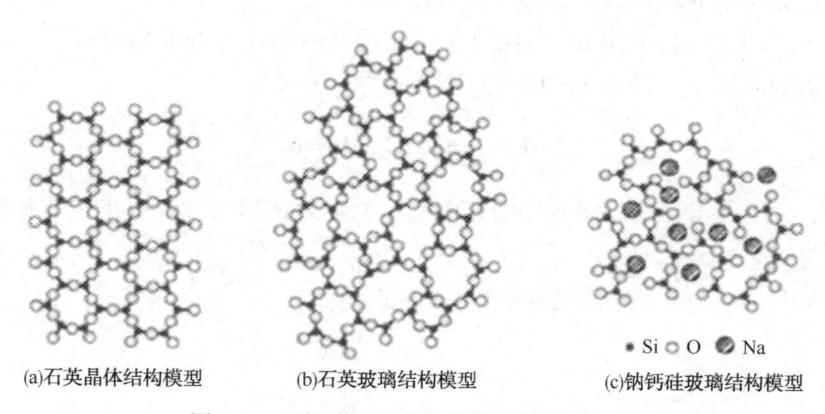

图 2.1　无规则网络结构学说的结构示意图

（2）晶子学说。实验发现，在进行热处理的过程中，玻璃的折射率会随着温度的改变而改变。列别捷夫认为，产生该现象的主要原因是二氧化硅“微晶”的晶型改变。因此，列别捷夫认为玻璃是由晶子（一种不连续的原子几何体）散乱分布于无定型介质中形成的，即玻璃中存在短程有序区域。该假说对理解和分析玻璃晶化过程有着重要的指导意义。

2.1.3　微晶玻璃

微晶玻璃是指利用外界因素将玻璃中某些成分晶化，从而在玻璃内部产生微晶颗粒。晶化是指把含有结晶相的玻璃通过外界作用（如热处理），使玻璃内部产生成核和结晶过程。由于玻璃处于介稳态并具有较大的内部能量，即玻璃的内部能量要高于同组分晶体的内部能量，因此熔融态玻璃在冷却时可产生析晶现象。对于大多数的硅酸盐玻璃，产生晶核的最大速度在较低的温度区域，而晶体生长的最快速度是在较高温度区。

2.1.4 微晶玻璃的成核与析晶

对于多组分玻璃而言，适当地控制玻璃内部的成核和析晶过程可以制备出微晶玻璃。在该过程中，成核密度及晶体生长大小都是影响析晶的主要因素，只有精确地控制晶体生长，才能制备出所需要的微晶玻璃。因此，微晶玻璃中玻璃的组分、外界激光作用量、成核因子及热处理条件等因素对晶体成核和析晶都极其重要。

微晶玻璃的成核可分为均匀成核和非均匀成核两类。对于均匀成核而言，成核过程与玻璃中的结构缺陷、相界及掺杂物无关。

由于玻璃中的自由能 ΔG 可以直接影响玻璃内部晶体的成核过程，因此假设该玻璃中的晶核是半径为 r 的球形，则 ΔG 的表达式为：

$$\Delta G=\frac{4}{3}\pi r^3\Delta G_V+4\pi r^2\sigma \tag{2.1}$$

式中，σ 为溶体与新相之间的界面自由能；ΔG_V 为在相变过程中单位体积内的自由能变量。

如果忽略热容对 ΔG_V 的影响则其表达式为：

$$\Delta G_V=\frac{\Delta H_m\Delta T}{T_m} \tag{2.2}$$

式中，ΔH_m 为熔化时的焓变；ΔT 为过冷度；T_m 为熔点。

图 2.2 表示 ΔG 与 r 之间的关系曲线图。令 $\frac{d(\Delta G)}{dr}=0$，可以得到临界的晶核半径 r^*，其表达式为：

$$r^*=\frac{2\sigma}{\Delta G_V} \tag{2.3}$$

将临界晶核半径代入式(2.1)可以得到核化势垒 ΔG_r^*，其表达式为：

$$\Delta G_r^*=\frac{16\pi\sigma^3}{3(\Delta G_V)^2} \tag{2.4}$$

在一定温度下，晶核的生长速度由扩散活化能 Q 及 ΔG_V^* 决定，其核化率 I 的表达式为：

$$I=K_0\exp\left[-\frac{\Delta G_V^*+Q}{KT}\right] \tag{2.5}$$

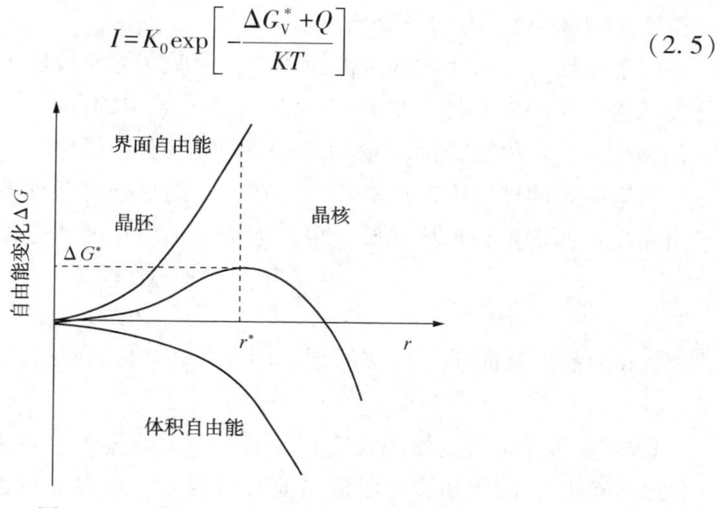

图 2.2 晶核的自由能与半径的关系

对于非均匀成核而言，其成核所需的自由能 ΔG 比均匀成核的低。造成该现象的主要原因是，玻璃中的非均匀成核主要以基质中不均匀的结构缺陷、相界及晶界为成核点，因此成核的界面能 σ 和 ΔG 较低。图 2. 3 表示非均匀成核所需自由能 ΔG 与润湿角之间的关系示意图。

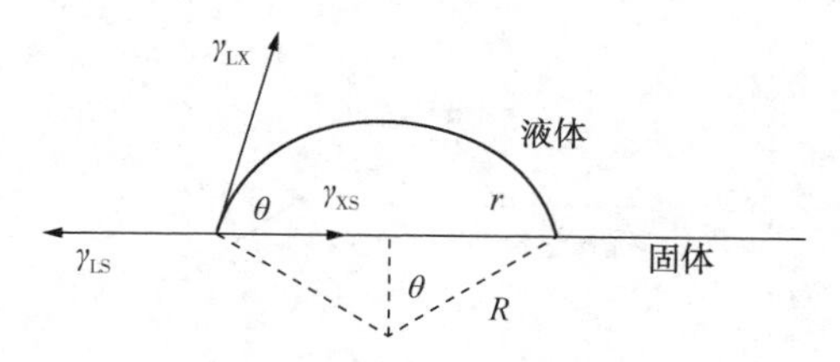

图 2. 3 非均匀核化示意图

图 2. 3 中，γ_{LX}表示溶体与核之间的界面自由能；γ_{XS}表示固体与核之间的界面自由能；γ_{LS}表示固体与液体间的界面自由能；θ 表示润湿角；R 表示晶核的曲率半径；r 表示晶核在固体界面的半径。

非均匀核化的自由能 ΔG 的表达式为：

$$\Delta G=\frac{16\pi\gamma_{Lx}^3}{3(\Delta G_V)^2}\ \frac{(2+\cos\theta)(1-\cos\theta)^2}{4} \tag{2.6}$$

式中，ΔG_V 为单位体积的自由能变量。

由式(2. 6)可知，当 $\theta=0°$时，不需要任何势垒就可以形成晶核；当 $\theta=90°$时，核化所需势垒减半；当 $\theta<180°$时，非均匀成核所需自由能势垒小于均匀成

核；当 $\theta=180°$ 时，为均匀成核。

由于非均匀成核所需的自由能较小，因此在微晶玻璃中，主要靠添加晶核剂及人工粉末来产生非均匀成核过程。微晶玻璃中的晶核剂一般为氟化物（CaF_2、Na_3AlF_6 等）、氧化物（TiO_2、P_2O_5、ZrO_2 等）及贵金属（Au、Ag、Cu 等）。

当熔融态的玻璃中形成晶核后，在一定的热处理条件下，玻璃中的原子或原子团在晶核四周生长形成晶体。单位面积晶体生长的速度 U 表达式为：

$$U=\upsilon\alpha_0\left[1-\exp\left(-\frac{\Delta G}{KT}\right)\right] \tag{2.7}$$

式中，υ 为晶液界面质点迁移的频率因子；α_0 为界面层厚度；ΔG 为非均匀核化势垒。

影响玻璃析晶的主要因素有以下四点。(1)温度：低温时玻璃的黏度较大，扩散速率较慢，因此在该阶段适当地升高温度，可以加快扩散，提高晶体的生长速率。(2)黏度：低温时黏度过大会直接影响玻璃内部的结晶生长速率。(3)杂质：杂质可以直接影响晶核的生长，从而也会影响晶体的生长。(4)液相界面能：由于相界面能越小，成核和结晶所需能量就越少，所以结晶生长速率也会越快。

微晶玻璃的成核和结晶过程都是在玻璃的转变温度以上、主晶相熔点以下进行的，典型热处理曲线如图 2.4 所示。

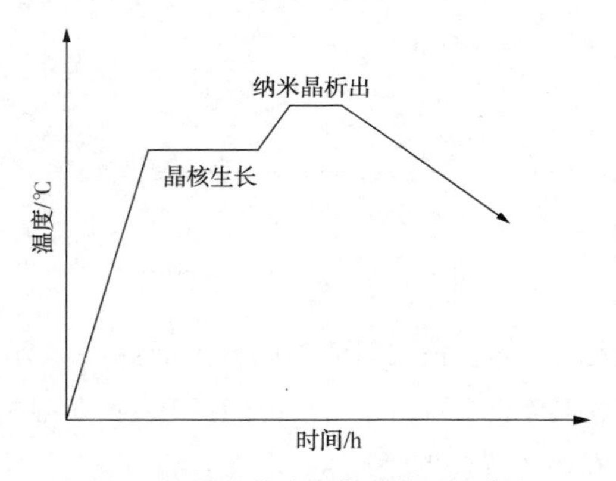

图 2.4　微晶玻璃的典型热处理曲线

热处理的第一阶段为玻璃的核化过程，一般从室温以 2～5℃/min 的升温速度升至成核温度。微晶玻璃的成核温度介于转变温度与玻璃软化温度之间。一般来说，成核温度在转变温度和比它高 50℃ 左右的范围内，而实际最佳成核温度则需根据差热分析核化吸收峰和实验来确定。在成核温度范围内，玻璃内部结构发生变化，开始有大量的微小晶核生成，在该温度下保持一段时间，以便晶核得到完全生长。晶核生长完成后以低于 5℃/min 的缓慢速度升温至玻璃析晶温度。玻璃的析晶温度可通过差热分析曲线放热峰温度来确定。在该过程中，为了有效控制晶粒尺寸和析晶速度，同时避免高温对玻璃形貌的破坏，应合理控制热处理时间及析晶温度。

2.2　PTR 玻璃的成分选择

原料的选取对玻璃而言十分重要，一般需要满足质量好、性能稳定性高、成本低、环保且易加工等要求。PTR 玻璃主要包含以下几种化合物：

（1）二氧化硅：二氧化硅是玻璃的主要组成化合物，以硅氧四面体[SiO_4]为基本构成组元可形成不规则的连续网络结构，从而构成玻璃骨架。为了防止玻璃析晶现象的存在，一般将二氧化硅在玻璃中的含量控制在60%~70%的范围。

（2）氧化铝：氧化铝在玻璃中以[AlO_4]和[AlO_6]两种状态存在。当玻璃中 Na_2O 的含量大于 Al_2O_3时，氧化铝以[AlO_4]配位状态与硅氧四面体[SiO_4]构成连续网络结构；当玻璃中 Na_2O 的含量小于 Al_2O_3时，氧化铝则以[AlO_6]的配位态存在。当氧化铝处于低配位态时，玻璃的密度及折射率较低；而当其处于高配位态时，玻璃具有较小的分体体积，其密度和折射率较高。引入适量的氧化铝可有效降低玻璃的析晶现象，提高玻璃的热学稳定性、化学稳定性、机械强度，以及在降低玻璃导热性同时减少对耐火材料的侵蚀。

（3）氧化锌：氧化锌在玻璃中可以起到稳定玻璃化学性能、提高玻璃折射率、降低玻璃熔点和膨胀系数的作用，在玻璃中以[ZnO_4]和[ZnO_6]两种配位状态存在。

（4）氧化钠：Na_2O 以网络外体氧化物存在于玻璃网络结构之中，可以提供游离态的氧以增加玻璃结构中的 O/Si 比例，降低玻璃的黏度，提高玻璃热稳定性与玻璃透明度。

（5）氧化铈：CeO_2是 PTR 玻璃中的光敏剂，在紫外曝光下，Ce^{3+}会释放自由电子形成 Ce^{4+}，为银核提供电子。

（6）氧化银：Ag_2O 为 PTR 玻璃提供 Ag^+，Ce^{3+}释放的自由电子可以被 Ag^+捕获形成 Ag 原子。经过后期热处理，银原子会发生汇聚从而形成银核，为纳米结晶颗粒的生长提供成核点。

（7）氟化钠和溴化钾：NaF 是 PTR 玻璃的主要析晶成分。KBr 中的溴是一种很好的还原剂，可以促使 CeO_2 中的铈离子以 Ce^{3+} 存在。若玻璃中不存在溴或者其含量不合适时，氟离子就会代替溴离子形成改性剂的配位球，玻璃中就不再存在游离态的氟离子，从而无法析晶。

（8）氧化锡和氧化锑：SnO_2 和 Sb_2O_3 在光热敏玻璃中起到了热还原剂的作用，同时可以促进晶核的生长，还原 Ce^{3+} 保证光敏过程的可持续性。同时，SnO_2 还能防止由于玻璃中贵金属类晶核生长过大而引起的玻璃乳浊现象。

2.3 PTR 玻璃线性光热敏特性

典型的 PTR 玻璃组分包含有 13 种元素，其中 SiO_2、Al_2O_3、ZnO、Na_2O、NaF 和 KBr 为主要成分。PTR 玻璃的组分决定了其独特的线性紫外光敏特性。采用紫外曝光和后续热处理的方式，PTR 玻璃的线性光热敏过程的经典模型如图 2.5 所示。在第一阶段(紫外曝光过程)中，由于 Ce^{3+} 的吸收带在 300nm 附近，所以紫外光辐射引发了 Ce^{3+} 到 Ce^{4+} 的光电离过程，同时释放出一个电子，电子被 Ag^+ 捕获形成 Ag^0[57]。这一阶段的光电离过程会导致 PTR 玻璃额外的光吸收，相应折射率也会增加(约为 10^{-6})。

$$Ce^{3+}+hv \longrightarrow Ce^{4+}+e^- \tag{2.8}$$

$$Ag^{+}+e^{-} \longrightarrow Ag^0 \tag{2.9}$$

第二阶段(第一步热处理)将曝光后的样品加热至 490℃(T_g 附近)，此时大量 Ag^0 聚集形成银纳米团簇。

$$nAg^0 \longrightarrow Ag_n^0 \tag{2.10}$$

第三阶段(第二步热处理)将样品继续加热至 520℃，NaF 晶体以银纳米团簇为生长点持续生长。将处理过后的 PTR 玻璃样品冷却至室温。在该降温过程中，由于 NaF 晶体热膨胀系数与 PTR 玻璃基体的差值会诱导结晶区域产生残余内应力，该应力会导致作用区域样品折射率降低(折射率调制量约为 10^{-3})。

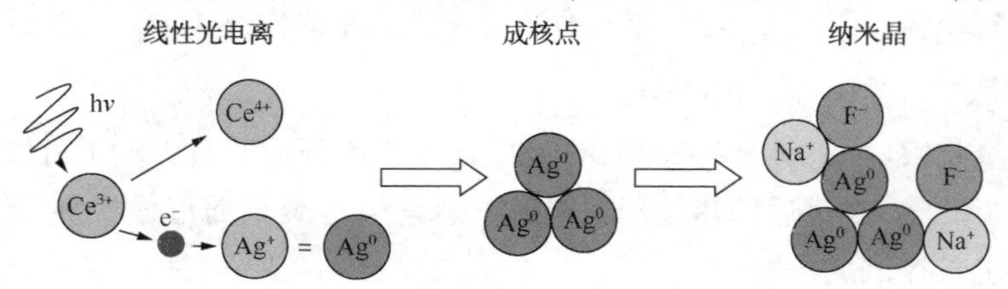

图 2.5　PTR 玻璃经典光敏结晶机理示意图

上述经典模型只考虑了 $AgNO_3$、CeO_2 和 NaF 的变化过程。实际上，对于这种多组分硅酸盐玻璃，其光敏过程中离子的价态变化是非常复杂的。研究人员通过对吸收光谱进行高斯分峰拟合，得出了在光敏过程中存在一些特殊色心的结果。因此，光敏过程中 PTR 玻璃内部实际发生的光化学过程如下。首先在紫外曝光过程中，PTR 玻璃中的 Ce^{3+} 吸收光子并释放一个电子。

$$Ce^{3+}+h\nu \longrightarrow [Ce^{3+}]^{+}+e^{-} \tag{2.11}$$

由此产生的光电子会被不同的俘获中心俘获。研究人员利用电子顺磁共振的表征手段证实了 Sb^{5+} 对光电子的俘获占绝大部分。

$$Sb^{5+}+e^{-} \longrightarrow (Sb^{5+})^{-} \tag{2.12}$$

同时，PTR 玻璃内的 Ce^{4+}、Ag^{+}、Sn^{4+}，以及包括杂质离子 Fe^{3+} 都可能在该阶段中得到电子。

$$Ce^{4+}+e^{-} \longrightarrow [Ce^{4+}]e^{-} \tag{2.13}$$

$$Ag^{+}+e^{-} \longrightarrow (Ag^{+})^{-} \longrightarrow Ag^{0} \tag{2.14}$$

$$Sn^{4+}+e^{-} \longrightarrow (Sn^{4+})^{-} \tag{2.15}$$

$$Fe^{3+}+e^{-} \longrightarrow (Fe^{3+})^{-} \tag{2.16}$$

在随后的热处理过程中，随着温度的升高，$(Sb^{5+})^{-}$ 会首先失去电子，提供给 Ag^{+}。该电子迁移过程一般发生在 160~300℃ 温度范围内。

$$(Sb^{5+})^{-} \longrightarrow Sb^{5+}+e^{-} \tag{2.17}$$

温度进一步升高，大量的 Ag^{0} 开始积聚在一起形成银团簇，并进一步生成银纳米胶体颗粒。继续加热，纳米颗粒会作为成核中心，NaF 晶相析出并生长在银纳米颗粒上，形成核壳结构的微晶。

$$n(Ag^{0}) \longrightarrow [Ag^{0}]_{n} \tag{2.18}$$

PTR 玻璃这种基于纯光化学反应引起的折射率变化是永久性的，改变曝光条件和热处理条件可实现对 PTR 玻璃激光曝光区域内样品折射率的精确调控。另外，PTR 玻璃本身具有光学透过率高、环境稳定性高、激光损伤阈值高、散射损耗小、寿命长等优点，因此由它制成的体布拉格光栅等衍射元件在激光器、光谱等领域都有着非常重要的应用。

2.4 PTR 玻璃的应用进展

PTR 玻璃制作工艺的不断改进，直接有效地提升了体布拉格光栅的性能指标，除此之外，在其他光学元件上也大显身手。从 2007 年起，关于 PTR 玻璃及其应用的科研成果显著增加，无一不彰显了 PTR 技术的影响力和后续潜力。

基于 PTR 玻璃制备的全息光学元件主要有反射式体布拉格光栅、透射式体布拉格光栅、啁啾体布拉格光栅和相位板四种。2010 年，Lumeau 等人在 PTR 玻璃内制备了工作波长 1550nm、带宽 50pm、透过率高达 95%的莫尔反射式体布拉格光栅。这项研究为雷达、拉曼光谱仪等领域的大孔径、高通量、极窄带滤波器的制备奠定了坚实的基础。2012 年，SeGall 等人利用接触复制技术结合二元振幅主掩膜成功制备了二进制体积相位掩膜板，可用作高功率下高斯光束到高阶模的转换。2018 年，Chen 等人在 PTR 玻璃内制备了工作波长为 1064nm、由三个四通道多路复用的体布拉格光栅级联而成的透射式布拉格角度放大器。其衍射效率测试光路及测试结果如图 2. 6 所示，工作测试波长为 1064nm，偏转角度范围为-45°~+45°，每个通道的相对衍射效率达 80%以上，且几乎与偏振无关。基于 PTR 玻璃结合紫外曝光技术制备而成的这些全息光学元件被广泛应用在激光器选模、高功率激光合束及超短脉冲激光器的展宽和压缩等领域。

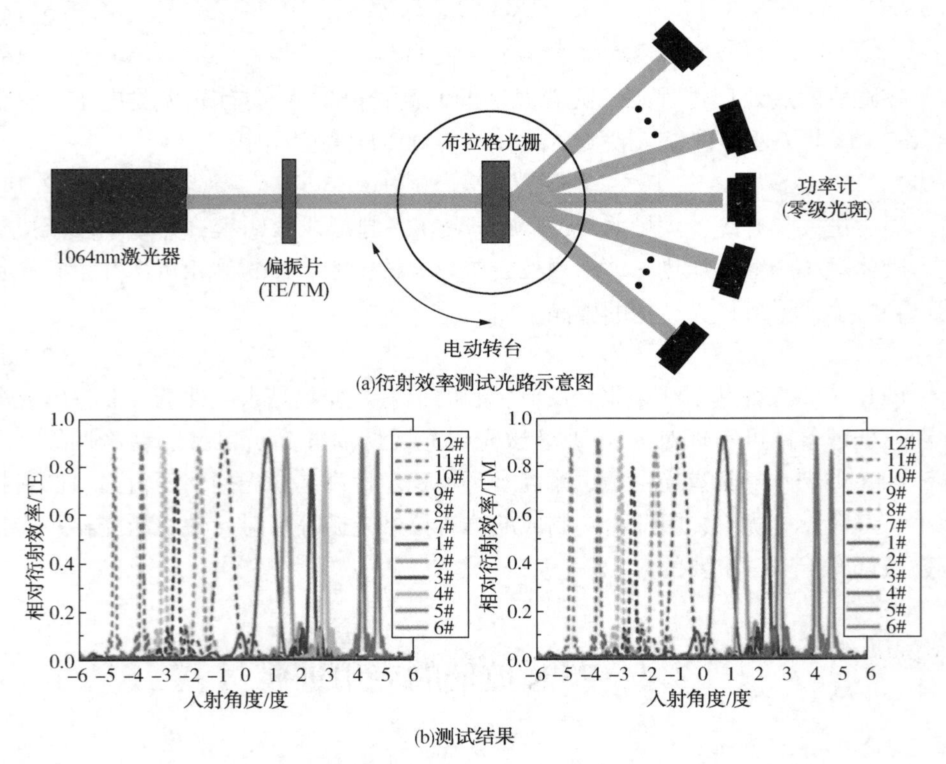

(a)衍射效率测试光路示意图

(b)测试结果

图 2. 6　多路复用体布拉格光栅

PTR 玻璃组分决定了玻璃的特性和应用，通过在 PTR 玻璃内掺杂稀土离子，提高光谱发光和激光性能也是该领域研究的一个主流方向。目前在该研究方向上主要存在两种体系，分别是 Nikonorov 团队的 Er-Yb 共掺体系和 Glebov 团队的 Nd^{3+} 掺杂体系。2008 年，Nikonorov 等人首先提出了在 PTR 玻璃内掺杂 Er^{3+} 和 Yb^{3+}，并对这种新型玻璃陶瓷的激光性能和光敏特性进行了研究。结果表明，稀土离子的掺杂并不会改变其光敏特性。这项工作为稀土离子掺杂的 PTR 玻璃作为激光增益介质奠定了理论基础。2017 年，该团队又展开了不同掺杂浓度的 Er^{3+} 对 PTR 玻璃光热敏结晶过程影响的研究。随后于 2020 年在这种 Er-Yb 共掺 PTR 玻璃中成功实现了激光输出，当掺杂浓度为 0. 1mol% Er-2mol% Yb、耦合输出镜透过率为 1%时，激光器输出斜率为 2. 3%，如图 2. 7(a)所示。同时期，Glebov 团队展开了稀土离子掺杂 PTR 玻璃的研究。先后研究了 Nd^{3+} 掺杂 PTR 玻璃的光谱和光敏特性，并利用激光二极管(LD)泵浦实现了激光输出，对于掺杂浓度为 0. 8at. %的 Nd-PTR 玻璃，当输出耦合镜透过率为 3%时，激光器输出斜率为 24. 9%，如图 2. 7(b)所示。2014 年，Glebov 团队分别在 Nd^{3+} 和 Yb^{3+} 掺杂的 PTR 玻璃内制备了反射式体布拉格光栅，并实现了单片分布式反馈激光器。两个团队除了以上对掺杂稀土离子 PTR 玻璃的激光性能研究外，Glebov 团队还通过在 PTR 玻璃内掺杂稀土离子 Tb^{3+}，实现了利用长波长可见光波段光源对 PTR 玻璃进行加工。

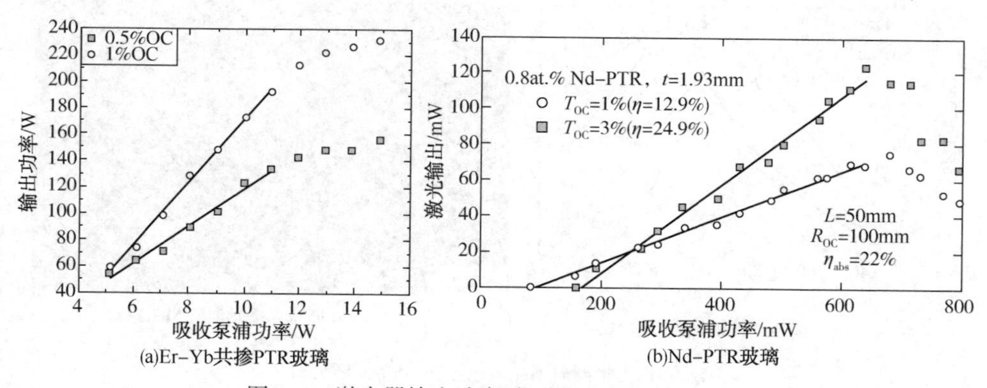

图 2. 7 激光器输出功率随吸收泵浦功率的变化

基于紫外曝光技术制备的全息光学元件及掺杂稀土离子的 PTR 玻璃光敏特性均属于线性光敏范畴，这种技术只能制备具有周期性的衍射光学元件。Glebov 等人利用飞秒激光辐照 PTR 玻璃，研究了玻璃内部产生的折射率变化和激光诱导的损伤，认为 PTR 玻璃的非线性光敏性来源于玻璃基体自身的电离，而这与光敏剂 Ce^{3+} 无关，得出了非线性光敏性是由多光子吸收和隧穿电离相互作用产生的结论。后续该团队利用这种非线性光敏特性在 PTR 玻璃上成功制备了非周期性结构的菲涅耳相位透镜，折射率调制量为 200×10^{-6}；利用波长 632.8nm 的 He-Ne 激光器测试了衍射图像，证实了该透镜可以正常工作。近年来，Zhang 等人利用飞秒贝塞尔光束在 PTR 玻璃内部成功制备了透射式体布拉格光栅，当测试波长为 532nm 时，相对衍射效率最高可达 94.73%；并利用扫描电镜观察了曝光区域内的纳米晶体微结构，得出了通过控制激光参数可以实现对纳米晶体密度分布调控的结论。相关测试结果如图 2.8 所示。随后，该团队在 PTR 玻璃内部又制备了高质量的双线型和管状光波导。这些研究工作表明，利用超快激光可以实现在 PTR 玻璃内部制备非周期性结构的三维光学元件。

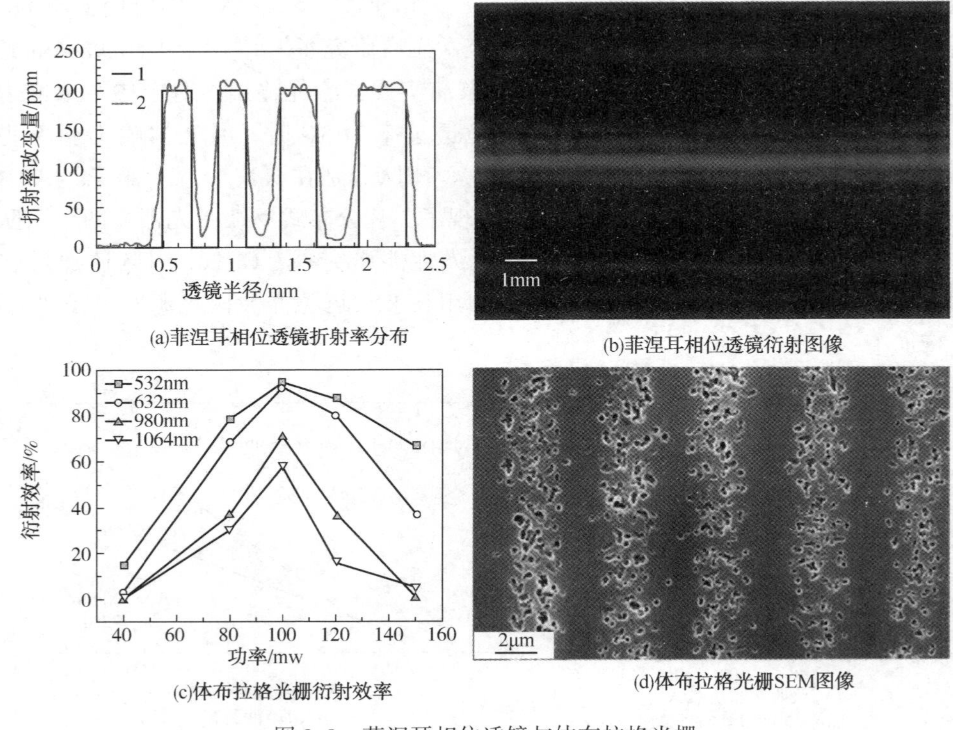

图 2.8　菲涅耳相位透镜与体布拉格光栅

综上所述，目前关于 PTR 玻璃机理与应用方面的研究主要分为三个方面：(1) PTR 玻璃光热敏过程中涉及的机理类研究，其中包括线性与非线性光热敏的动力学过程；(2) 利用 PTR 玻璃制作衍射元件的研究，致力于大幅提高器件性能；(3) 通过优化 PTR 玻璃组分拓展其功能应用的研究，如掺杂稀土离子增加玻璃的激光性能或长波长光敏性能。

第 3 章

超快激光与透明材料相互作用的基本理论及常用表征方法

3.1 引　　言

物质在超快激光辐照下产生的物理化学变化，是激光脉冲以电子为媒介将光子能量向物质传递的结果，其中包括非线性激发、能量弛豫和物质改性等一系列过程。聚焦后的超快激光具有极高的峰值功率密度，在透明材料中传输时，除了线性传播引起的线性光学效应(如色散、衍射、像差等)外，还会诱导产生自聚焦、自散焦、自相位调制等一系列非线性效应。聚焦后的超快激光达到一定功率阈值后，可以空间选择性地诱导透明材料内部产生多光子吸收、隧道电离、雪崩电离等现象，进而改变材料的分子结构、元素分布、微区形貌和折射率等。本章主要介绍超快激光与透明材料相互作用过程中所涉及的物理过程和基本理论，并介绍实验中常用的几种表征手段。

3.2　超快激光的线性传播

利用超快激光在透明材料内部直写时首先会使用物镜将激光进行聚焦，使其聚焦区位于样品内某一指定位置。在该区域，光功率密度未达到非线性阈值前都属于线性传播范畴。此时，介质对光场的响应为线性关系，介质的电极化强度矢量 $\boldsymbol{P}$ 与电场强度 $\boldsymbol{E}$ 的关系可表示为：

$$\boldsymbol{P}=e_0\boldsymbol{\chi}^{(1)}\cdot\boldsymbol{E} \tag{3.1}$$

式中，$\boldsymbol{\chi}^{(1)}$ 为线性电极化率(即一阶电极化率)。

无论是线性传播还是非线性传播，同所有电磁现象一样，光在透明材料中的传播特性都遵循麦克斯韦方程组：

$$\nabla\times\boldsymbol{E}=-\frac{\partial\boldsymbol{B}}{\partial t} \tag{3.2}$$

$$\nabla\times\boldsymbol{H}=\boldsymbol{J}+\frac{\partial\boldsymbol{D}}{\partial t} \tag{3.3}$$

$$\nabla\cdot\boldsymbol{D}=\rho \tag{3.4}$$

$$\nabla\cdot\boldsymbol{B}=0 \tag{3.5}$$

式中，$\boldsymbol{E}$、$\boldsymbol{H}$、$\boldsymbol{D}$、$\boldsymbol{B}$ 分别为电场强度、磁场强度、电位移矢量和磁感应强度；$\boldsymbol{J}$ 和 ρ 分别为电流密度与自由电荷密度。

在光与物质相互作用过程中，还必须考虑介质的自身特性，因此通过物质方程可以将介质和电磁场关联起来：

$$\boldsymbol{D}=\varepsilon_0\boldsymbol{E}+\boldsymbol{P} \tag{3.6}$$

$$\boldsymbol{B}=\mu_0\boldsymbol{H}+\mu_0\boldsymbol{M} \tag{3.7}$$

$$\boldsymbol{J}=\sigma\boldsymbol{E} \tag{3.8}$$

式中，ε_0、μ_0、σ 分别为真空介电常数、真空磁导率和介质的电导率；$\boldsymbol{M}$ 为磁极化强度。

对于均匀、绝缘、非磁性且不存在自由电荷的透明光学介质，满足 $\rho=0$，$\boldsymbol{J}=0$，$\boldsymbol{M}=0$，通过联立以上方程计算可得：

$$\nabla\times\nabla\times\boldsymbol{E}=-\mu_0\varepsilon_0\frac{\partial^2\boldsymbol{E}}{\partial t^2}-\mu_0\frac{\partial^2\boldsymbol{P}}{\partial t^2} \tag{3.9}$$

由于$\nabla\cdot\boldsymbol{E}=0$，因此式(3.9)可进一步简化为：

$$\nabla^2\boldsymbol{E}-\mu_0\varepsilon_0\frac{\partial^2\boldsymbol{E}}{\partial t^2}=\mu_0\frac{\partial^2\boldsymbol{P}}{\partial t^2} \tag{3.10}$$

则对于线性传输，将式(3.1)代入式(3.9)，可得到光的线性波动方程为：

$$\nabla^2\boldsymbol{E}(t)+\frac{1+\boldsymbol{\chi}^{(1)}}{c^2}\frac{\partial^2}{\partial t^2}\boldsymbol{E}(t)=0 \tag{3.11}$$

式中，$c=1/\sqrt{\mu_0\varepsilon_0}$，表示真空中的光速。

超快激光微纳加工过程中，通常采用具有较高数值孔径的透镜，从而实现更小的焦斑半径，进一步精准有效地诱导聚焦区域内材料的非线性吸收，获得期望的折射率调制。忽略在该过程中引入的球差及非线性效应，激光空间的光强分布则可以用傍轴波动方程来描述。聚焦准直后的高斯光束在介质中的束腰半径可表示为：

$$w_0=\frac{M^2\lambda}{\pi NA} \tag{3.12}$$

式中，M^2为光束质量因子；NA 为聚焦物镜的数值孔径；λ 为入射光波长。

高斯光束在折射率为 n 的透明材料内部的瑞利距离为：

$$z_0=\frac{M^2 n\lambda}{\pi NA^2} \tag{3.13}$$

在实际加工过程中，由于超快激光的光谱展宽现象，透镜带来的色差和球差都会对激光的光强分布产生一定的影响，进而影响聚焦效果。因此，实验中通常选用消色差的非球面透镜，以有效改善光谱展宽现象，提高加工质量。

3.3 超快激光的非线性传播

当聚焦飞秒激光的光功率密度达到材料的非线性阈值后，飞秒激光在介质内部就会产生非线性效应，如自聚集、自散焦及自相位调制等现象。

随着光强的增加，材料对光场的响应开始呈现非线性关系，当光场强度与原子场强度相当时，会出现更为复杂的情况。当超快激光在材料中进行非线性传播时，材料的电极化率 $\boldsymbol{P}$ 与光场 $\boldsymbol{E}$ 不再呈线性关系，而表示为如下幂级数形式：

$$\boldsymbol{P}=\varepsilon_0\boldsymbol{\chi}^{(1)}\cdot\boldsymbol{E}+\varepsilon_0\boldsymbol{\chi}^{(2)}\cdot\boldsymbol{EE}+\varepsilon_0\boldsymbol{\chi}^{(3)}\cdot\boldsymbol{EEE}+\cdots=\boldsymbol{P}^{(1)}+\boldsymbol{P}^{(2)}+\boldsymbol{P}^{(3)}+\cdots \tag{3.14}$$

式中，$\boldsymbol{\chi}^{(n)}$ 为介质的 n 阶电极化率（n 取正整数），当 $n>1$ 时，即为非线性电极化率。

对于非晶玻璃这类各向同性的介质材料，有 $\boldsymbol{\chi}^{(2)}=0$。如果只考虑到三阶非线性，电极化率 $\boldsymbol{P}$ 包括线性项（$\boldsymbol{P}_{\mathrm{L}}$）和非线性项（$\boldsymbol{P}_{\mathrm{NL}}$）两部分，可表示为：

$$\boldsymbol{P}=\boldsymbol{\varepsilon}_0\left[\boldsymbol{\chi}^{(1)}+\frac{3}{4}\boldsymbol{\chi}^{(3)}\,|\boldsymbol{E}|^2\right]\boldsymbol{E}=\boldsymbol{P}_{\mathrm{L}}+\boldsymbol{P}_{\mathrm{NL}}=\boldsymbol{\varepsilon}_0\boldsymbol{\chi}^{(1)}\cdot\boldsymbol{E}+\boldsymbol{P}_{\mathrm{NL}} \tag{3.15}$$

将式（3.15）代入式（3.9）可得：

$$\nabla\times\nabla\times\boldsymbol{E}=-\boldsymbol{m}_0\boldsymbol{\varepsilon}\cdot\frac{\partial^2\boldsymbol{E}}{\partial t^2}-\boldsymbol{m}_0\frac{\partial^2\boldsymbol{P}_{\mathrm{NL}}}{\partial t^2} \tag{3.16}$$

式中，$\boldsymbol{\varepsilon}=\boldsymbol{\varepsilon}_0(1+\boldsymbol{\chi}^{(1)})$，则折射率 n 可表示为：

$$n=\sqrt{1+\boldsymbol{\chi}^{(1)}+\frac{3}{4}\boldsymbol{\chi}^{(3)}\,|\boldsymbol{E}|^2}\approx n_0+n_2I(r) \tag{3.17}$$

式中，n_0、n_2 分别为线性和非线性折射率；$I(r)$ 为激光强度，各项表达式分别为：

$$I=\frac{1}{2}\boldsymbol{\varepsilon}_0\boldsymbol{\chi}n_0\,|\boldsymbol{E}|^2 \tag{3.18}$$

$$n_0=\sqrt{1+\boldsymbol{\chi}^{(1)}} \tag{3.19}$$

$$n_2=\frac{3\boldsymbol{\chi}^{(3)}}{4\boldsymbol{\varepsilon}_0\boldsymbol{\chi}n_0^2} \tag{3.20}$$

高斯型超快激光中心的光强高于边缘的强度，当脉冲通过介质时，介质折射率发生变化。由式（3.17）可以看出，因为大多数透明材料 $n_2>0$，所以激光传输产生的折射率中心区域高于边缘区域，折射率的分布变化就类似一个“正透镜”，会使入射光束发生自聚焦现象，并存在一个自聚焦临界功率 P_{cr}：

$$P_{cr}=\frac{p(0.61)^2\lambda^2}{8n_0n_2} \tag{3.21}$$

当激光脉冲的峰值功率低于临界功率时，光束会发生衍射；当超过该临界功率时，光束会克服衍射直到产生另一个效应去平衡，使材料发生非线性电离，从而产生自由电子等离子体，类似一个“负透镜”，如图3.1所示。自聚焦和自散焦之间相互平衡制约从而导致轴向上的成丝现象，该长度远远超过了瑞利长度。这种现象不利于横向刻写光波导结构，而利用紧聚焦进行刻写可以有效抑制自聚焦的产生。

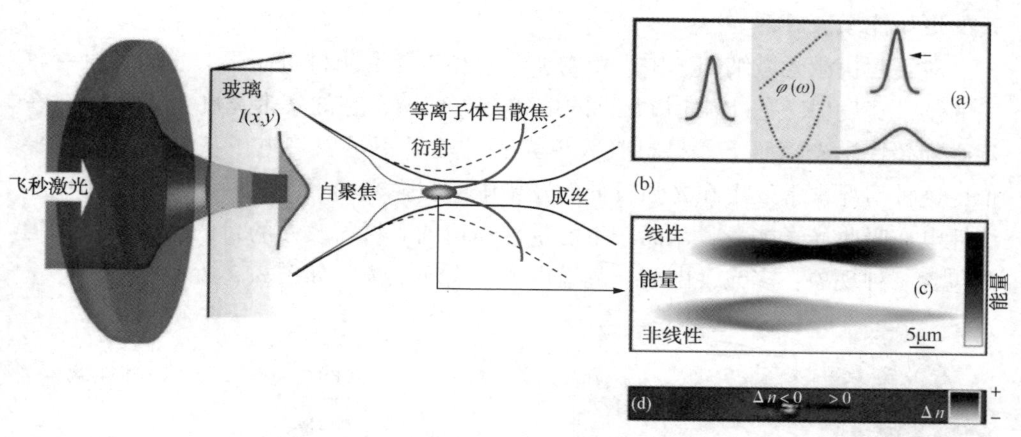

图3.1　石英玻璃中的线性和非线性传播效应

注：(a)色散和脉冲展宽；(b)克尔自聚焦和成丝；(c)线性和非线性传播下的光场分布；(d)自聚焦焦点处样品的相衬显微图。

除此之外，在非线性传输过程中，由于光学克尔效应，折射率会随着激光强度的变化而变化，因此会使脉冲的相位发生改变并产生新的频率。这种现象被称为自相位调制。该过程中产生的瞬时频率 $\omega(t)$ 可以表示为：

$$\omega(t)\approx\omega_0-\frac{n_2\omega_0L}{c}\frac{\partial I(t)}{\partial t} \tag{3.22}$$

式中，ω_0 为载波频率；L 为传播长度。

可以看出，瞬时频率依赖于光强的变化，在脉冲前沿时，光强增大，对应的微分值为正，$\omega(t)$ 小于原始频率，即产生了红移。而对于脉冲后沿，光强减小，微分值为负，$\omega(t)$ 大于原始频率，产生了蓝移。在实际情况下，自聚焦过程中多光子吸收、自相位调制、自散焦等现象通常都会随之出现，使非线性传播变得更为复杂。

3.4 超快激光诱导的非线性电离

当单光子能量超过材料(如金属、陶瓷等)的能带时，光可以直接被材料吸收并诱导电子从价带进入导带。超快激光脉冲的线性吸收和其他光场的线性吸收并无区别，光子可以通过自由载流子的吸收而吸收。在这个过程中，电子通过吸收光子获得能量，通过与声子(晶格振动)的相互作用获得动量，从而移动到导带的更高能级。

对于超快激光微纳加工中常用的玻璃及晶体等透明材料而言，它们都有着较大的禁带宽度(E_{gap})。例如最常见的熔融石英玻璃，它的禁带宽度为7~9eV。在近红外超快激光辐照下，材料吸收单光子的能量不足以将电子从价带跃迁至导带，这种情况常常发生在光强较低的光场中。在强光场下，熔融石英玻璃借助非线性电离吸收光子能量，从而产生能量传递达到对材料改性的目的。这一过程通常包含三种现象：多光子电离、隧道电离和雪崩电离，如图3.2所示。

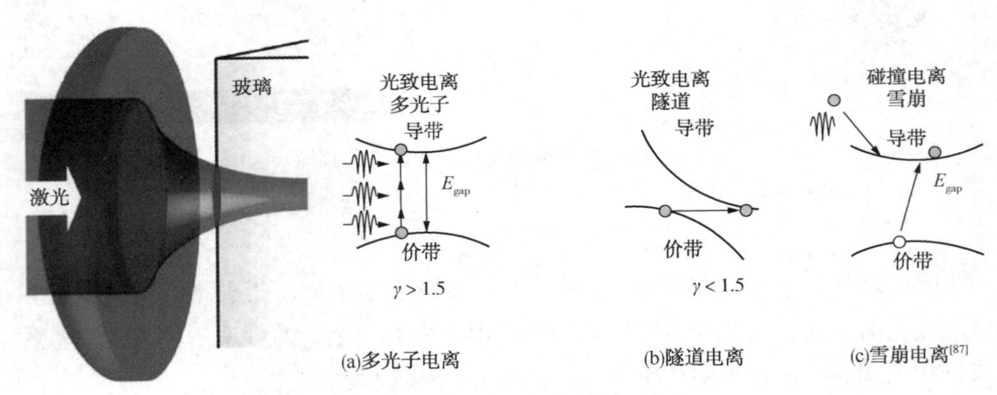

图3.2 超快激光电离过程示意图

首先，多光子电离建立在非线性吸收的基础之上，当入射激光的光强足够大时，价带电子可以通过吸收多个光子的能量，当满足 $Nh\nu \geqslant E_{gap}$(N 为吸收光子数；$h\nu$ 为单光子能量)条件时，电子克服束缚跃迁至导带。而 N 可以通过电子禁带宽度和单光子能量的比值给出：

$$N=[E_{gap}/h\nu+1] \tag{3.23}$$

对于熔融石英玻璃，当采用波长1030nm的飞秒激光作为加工光源时，计算可得 N 约为8。而电子的电离率 W_{PI} 与光强相关，可以表示为：

$$W_{PI}=\sigma_N I^N \tag{3.24}$$

式中，σ_N为多光子吸收截面。

该过程如图 3.2(a)所示，值得注意的是，弱光场情况下，σ_N极小，很难诱导多光子电离的发生。因此，利用缺陷或掺杂剂降低 N 值，或采用更短波长的激光光源，都可以更有效地利用多光子电离效应。

隧道电离[见图 3.2(b)]通常发生在长波长(低频率)的强光场中，是一种不同于多光子电离的电离机制。在这种机制下，强激光场会使带隙结构产生畸变，从而降低束缚电子的库仑势垒。隧道电离与多光子电离之间的转变可以通过 Keldysh 绝热参数 γ 来判定：

$$\gamma=\omega_0\sqrt{2m_e E_{gap}}/e\varepsilon \tag{3.25}$$

式中，ω_0为激光频率；ε 为电场；m_e和 e 分别为电子质量和电荷量。

当 $\gamma>1.5$ 时，非线性电离以多光子电离为主；当 $\gamma<1.5$ 时，则以隧道电离为主。在实际加工过程中，γ 值往往在 1.5 左右，需要同时考虑多光子电离和隧道电离。

以上两种电离方式均属于光致电离。在光致电离过程中产生的电子被激发至导带，会作为种子自由电子在电场的作用下运动，通过逆向韧致辐射吸收光子能量，当电子动能能量足够大时，可以通过碰撞电离产生另一个电子。而两个低动能的电子又可以通过逆韧致辐射吸收光子能量，再次通过碰撞电离产生两个新的自由电子。该过程如此反复最终会导致自由电子数目激增，这个过程就称为雪崩电离，如图 3.2(c)所示。发生雪崩电离的前提是，导带中需要有足够多的种子电子。这些种子电子除了来自光致电离过程，也可由热激发下的杂质缺陷产生。雪崩电离中电子的电离率 W_{CI}可以表示为：

$$W_{CI}=\beta\rho_e I \tag{3.26}$$

式中，ρ_e为种子电子数密度；β 为雪崩电离系数。

在这些非线性光电离的作用下，导带内的电子密度通过雪崩电离的方式不断增长，进一步形成等离子体并不断吸收能量，直到等离子体谐振频率与入射激光频率接近时才会停止。这种临界状态下的等离子体密度表达式为：

$$\rho_{cr}=\frac{\varepsilon_0 m_e^* \omega_0^2}{e^2} \tag{3.27}$$

式中，m_e^* 为减少的电子空穴有效质量。

在时间尺度上，超快激光与透明材料相互作用时发生的基本物理过程如图 3.3 所示。从图中可以看出，在飞秒尺度上，首先会发生光电离及雪崩电离，从而产生等离子体，导致克尔效应、散焦等非线性效应，还会诱发冲击波、库伦爆炸等非热效应；而在皮秒尺度上，产生的等离子体会以电子-晶格耦合的方式将能量转移给晶格使其快速升温；继而在纳秒尺度上产生缺陷，压力波从致密和高热的焦区分离出来；最后在微秒尺度上，热从焦区扩散出来，进一步产生永久性的结构变化。

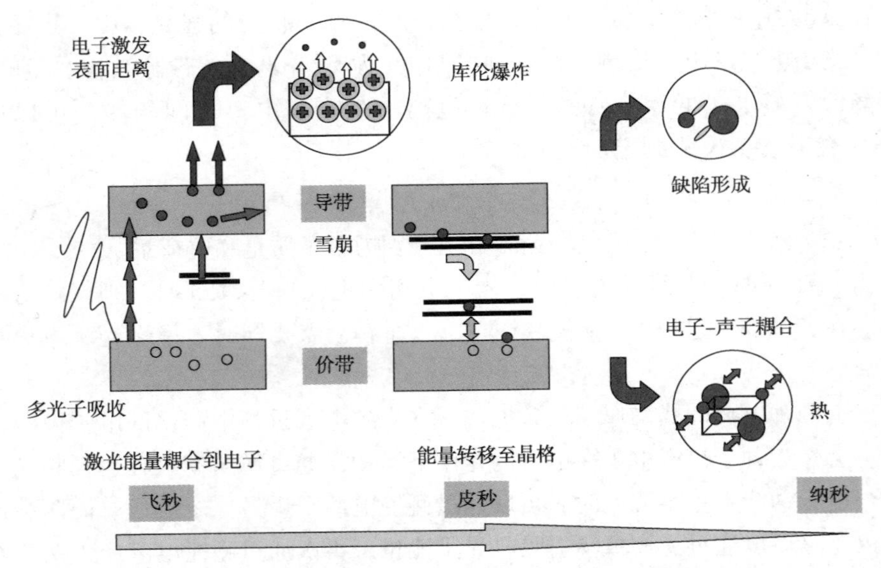

图 3.3　超快激光与透明材料相互作用的物理过程的特征时间尺度

3.5　超快激光诱导折射率改变的物理机制

超快激光与透明介质相互作用时，由于光致电离和雪崩电离现象可使介质内部产生大量能量，在飞秒激光作用后，这些能量将会以一定的形式释放出来，在释放能量的过程中会对激光作用区内的材料结构产生修改。一般认为，能量的释放有两种方式，一种是通过热量消耗，另一种是以冲击波的形式释放能量。通过以上两种方式，介质中的晶格可以接收到能量，从而改变介质内部结构，最终表现为对介质折射率的调制。对于飞秒激光调制透明电介质折射率的机理，研究者们已经做了大量研究，虽然还未建立出完美的理论，但是目前有三种物理模型可以用来解释飞秒激光诱导介质折射率改变的原因，分别为热模型、色心模型及结构改变模型。

3.5.1　热模型

飞秒脉冲激光具有超高峰值功率的特点，因此当飞秒激光与透明电介质相互作用时，在焦区内可以形成温度极高的等离子体，从而实现焦区内电介质的局部快速加热。由于该加热过程产生的热梯度只限于焦区，即仅占整个电介质内部网络结构中的很小部分，因此当介质与飞秒激光作用后，介质迅速冷却淬火从而使焦区内电介质的密度加大，很好地解释了飞秒激光作用熔融石英玻璃后诱导玻璃焦区内折射率增加的现象。研究表明，随着玻璃冷却速度的不同，其折射率的调制量也会发生改变，证实了折射率改变机制与热过程密切相关。若只根据热模型而言，低重频和高重频飞秒脉冲激光诱导的介质折射率调制量应有所差别，但是在实验中不同激光脉冲频率引起的折射率调制量变化并不大。由此可知，热模型并非飞秒激光诱导介质折射率改变的唯一机制。

3.5.2　色心模型

飞秒激光作用于电介质时可诱导产生大量自由电子，从而在焦区内形成高强度和高浓度的色心，继而通过 Kramers-Kronig 机制调制介质内的折射率。其中，色心主要是由光致电离和雪崩电离产生的大量自由导带电子被某些结构成分俘获而形成，该现象可使电介质材料形成不同类型的缺陷。研究者们利用标准电子自旋共振(Electronic Spin Resonance，ESR)发现被飞秒激光曝光后的熔融石英玻璃分别在 630nm 和 540nm 处生成了荧光峰。这两个荧光峰分别表示非桥氧空穴中心(Non-Bridging Oxygen Hole Center，NBOHC)特征线以及硅纳米团簇中自俘获激子 SiE 缺陷特征峰。该实验结果证实了飞秒激光焦区内色心的存在，也说明了色心对折射率调制的贡献。但是当该样品经过退火处理之后，激光曝光区域内介质的折射率并没有恢复如初，说明色心也不是引起折射率调制的唯一原因。

3.5.3　结构改变模型

Poumellec 等人提出飞秒激光诱导玻璃结构致密化现象也是改变样品折射率的一个原因。对于熔融石英玻璃而言，其内部网络结构主要由五元环和六元环结构构成。利用拉曼光谱对飞秒激光曝光后的石英玻璃进行测试发现，飞秒激光作用区内的拉曼散射信号分别在 $490cm^{-1}$ 和 $605cm^{-1}$ 处存在两个特征峰，其中 $490cm^{-1}$特征峰代表了石英玻璃内四元环网络结构，而 $605cm^{-1}$特征峰则代表了石英玻璃内的三元环网络结构。这些低等级环的增加说明玻璃内部能量提升，同时这些低等级环可降低网络结构的键角，增加网络结构的致密度，从而导致玻璃折射率的增加。另外，Hirao 等人利用原子力显微镜证实激光作用区内折射率的调制现象与玻璃网络结构致密化过程密切相关，并且通过拉曼光谱发现飞秒激光导致的石英网络结构致密化是不可逆且永久的。值得注意的是，飞秒激光不仅可以诱导焦区内材料的网络致密度，同时也会诱导焦区周围的未曝光区产生应力双折射现象。假设在飞秒激光聚焦区内可产生均匀的结构改变量，那么通过测试材料中的双折射大小就可以定量地计算出焦区内网络结构密度的改变程度。但实验结果表明，网络结构改变也不能完全解释折射率的改变。

总而言之，飞秒激光诱导介质折射率改变的机制应该是由热模型、色心模型以及结构改变模型等多种模型共同作用后产生的结果。

3.6　超快激光作用下光敏玻璃的局部改性

利用超快激光可以在光敏玻璃内部制备各种复杂的三维结构，而不同化学组分体系的光敏玻璃决定了各自独特的光-热诱导结晶过程。因此，改变光敏玻璃中的化学组分可以拓展该类玻璃在不同领域中的应用。对于锂硅酸盐体系的光敏玻璃(如 Foturan 和 PEG3)，激光曝光后，通常采用热处理和化学刻蚀相结合的工艺可制备出理论上传统机械无法实现的微纳浮雕或镂空结构，一般可用于反应器、微型推进器及各种类型的传感器等。而对于氟化物-硅-铝体系的光敏玻璃，一般通过激光曝光结合热处理的方式就可以制备出高效率的体布拉格光栅等衍射元件，如本书所使用的 PTR 玻璃。

图 3.4 为飞秒激光曝光前后光敏玻璃(Foturan)的吸收光谱，从图中可以看出，原始玻璃样品的吸收边缘在 340nm 左右，315nm 处的吸收峰归属于 Ce^{3+}。因此对于波长 800nm(1.55eV)的飞秒激光，利用式(3.23)计算可得，发生多光子吸收时，电子跃迁所需的光子数 $N=3$。根据 Tauc 关系，可以得到样品的禁带宽度 $E_{gap}=3.6\pm0.3$eV。当利用飞秒激光曝光该样品时，会引起紫外波段吸收率的增加。其中，360nm 处的吸收峰是缺氧中心(ODCs)引起的，而在波长 315nm 处的细微变化可归结于 Ce^{3+} 到 Ce^{4+} 的转变，并认为 Ce^{3+} 在该过程中几乎没有贡献自由电子，而自由电子主要是由带间激发产生的。也就是说，当超快激光作用到光敏玻璃上时，自由电子从价态跃迁到导带，并导致玻璃中 Si 和 O 的键裂，形成与非桥氧空穴中心(NBOHCs)配对的 ODCs。

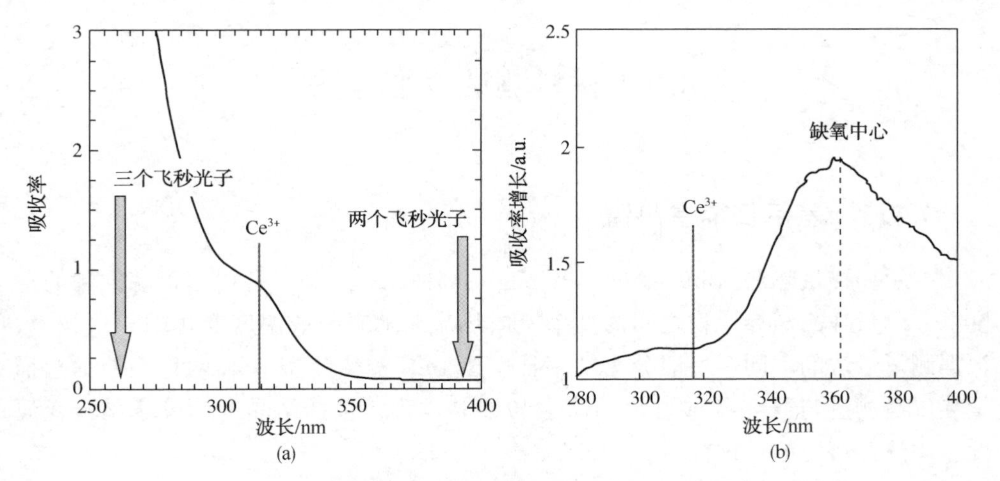

图 3.4　飞秒激光曝光前后光敏玻璃(Foturan)的吸收光谱

图 3.5 描述了飞秒激光作用下光敏玻璃内自由电子和 Ag^0 产生的全过程。首先，通过三光子吸收，电子从价带被激发至缺陷能级，紧接着还需要至少三个光子才能使电子从缺陷能级跃迁至 8eV 左右的导带。因此，产生自由电子的整个过程分为两步，需要至少六个光子才能从价带途经缺陷能级最后到达导带，生成的自由电子进一步将 Ag^+ 还原为 Ag^0。后续的热处理以及湿法腐蚀过程均与紫外曝光时发生的机制相同。在整个曝光过程中，超快激光诱导光敏玻璃产生的折射率改变可以分两个阶段：第一阶段，曝光过程产生大量的色心(如上文提到的 NBO-HCs)等会导致加工区域致密化从而产生折射率差；第二阶段，热处理过程中产生的微晶是折射率改变的主要原因。通过超快激光及后续热处理工艺可以实现对光敏玻璃折射率的精准调制，在此基础上实现复杂三维光学元件的刻写。

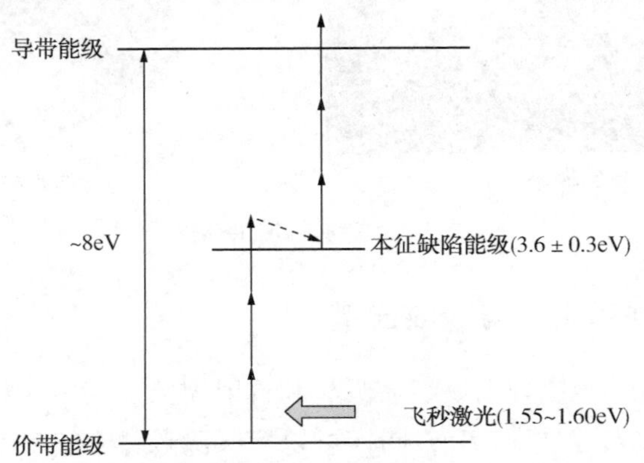

图 3.5　飞秒激光曝光光敏玻璃产生自由电子的过程

3.7 材料测试表征方法

3.7.1 差示扫描量热谱

差示扫描量热法(Differential scanning calorimetry, DSC)是指在程序控制的温度下，测量样品与参比物之间的功率差或热流差随时间或温度变化的一项技术。根据测量方法的不同，一般分为功率补偿型 DSC 和热流型 DSC 两种。差示扫描量热仪是测量与研究各种材料的熔融与结晶过程，包括结晶度、玻璃化转变温度、比热等特性的一种仪器。

本书所采用的德国耐驰公司所生产的型号为 DSC 404 F3 设备属于热流型 DSC，如图 3.6 所示。对于超快激光曝光后的 PTR 玻璃，需要采取热处理的方式进一步析晶。因此，通过测量 DSC 曲线来获取样品的玻璃化转变温度 T_g 和析晶起始温度 T_x，对制定样品的退火参数有着重要的指导意义。利用 DSC 测定 T_g 是基于测试比热容变化实现的。本书中的 DSC 曲线是采用样品粉末以 10K/min 的升温速率从室温升至 800℃的温度范围内获得的。

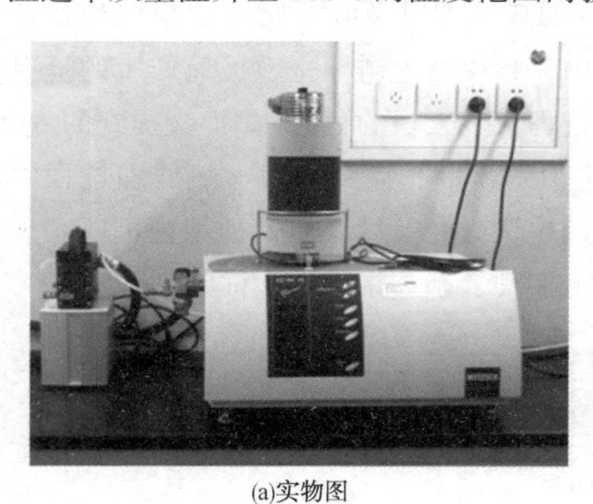

(a)实物图

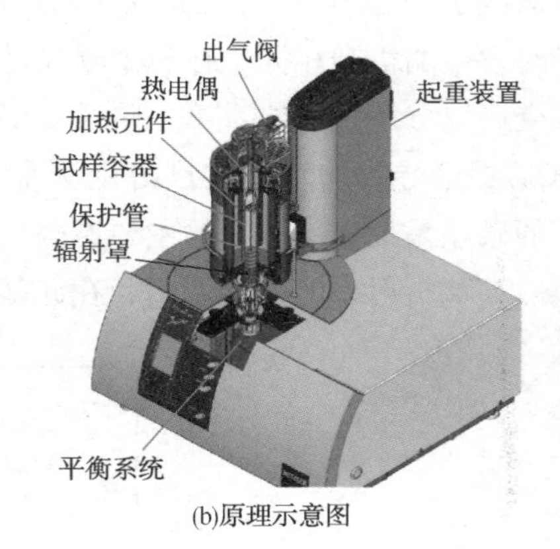

(b)原理示意图

图 3.6 差示扫描量热仪

3.7.2 透过率光谱与吸收光谱

光入射玻璃时，会表现出反射、吸收和透射现象。其中，将透过光通量和入射光通量的比值称为透过率(T)，同样可以定义吸收率(ABS)和反射率(R)。根据能量守恒定律，有 $T+R+ABS=1$。因此，测量光学玻璃的透过率光谱，可定性或定量地表征样品内部存在的缺陷及样品结构变化。

通过透过光谱及吸收光谱的测定可以分析样品辐照前后的结构变化。本书采用日本 Jasco 公司生产的型号为 V-570 的紫外-可见光(UV-VIS)分光光度计对不同实验阶段的 PTR 样品透过率进行了测试，如图 3.7 所示。测试波长范围为 200~800nm，波长间隔为 1nm。根据朗伯-比尔定律，由下式可以计算出样品的吸收系数：

$$\alpha = -\frac{1}{l} \times In \frac{T}{100} \tag{3.28}$$

式中，l 为样品的厚度，cm。

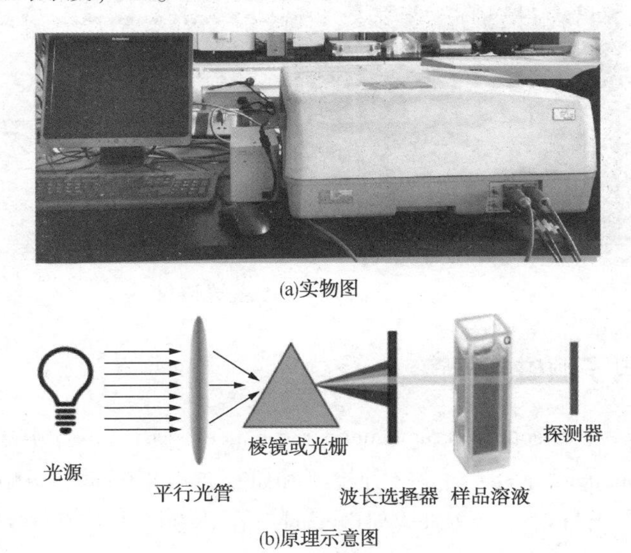

(a)实物图

(b)原理示意图

图 3.7　紫外-可见光分光光度计

3.7.3　拉曼光谱

当高强度的激光光束入射材料时，会和样品内部的分子发生碰撞从而产生散射。大部分的散射光与入射激光频率相同，仅改变方向，被称为瑞利散射。另外，极少部分散射光频率也会发生改变，散射所产生的频率差由材料的化学结构而决定，这部分散射光称为拉曼散射。因此，拉曼光谱分析是一种无损的分析技术，拉曼光谱被认为是特定材料或分子独有的“化学指纹”，可以提供样品的化学结构及分子间相互作用等详细信息。

本书中的拉曼光谱采用德国 WITek 公司的显微共聚焦拉曼光谱仪(型号：Alpha 300R)进行测试，如图 3.8 所示。激光光源为波长 532nm 的绿光激光器，功率大于 30mW；拉曼频移范围为 10～6000cm^{-1}；共聚焦灵敏度高，可清晰观测到硅的四阶拉曼峰，且硅的三阶峰信噪比大于 25∶1 分辨率。该拉曼光谱仪同时可实现在样品微区和微结构内的光谱采集。

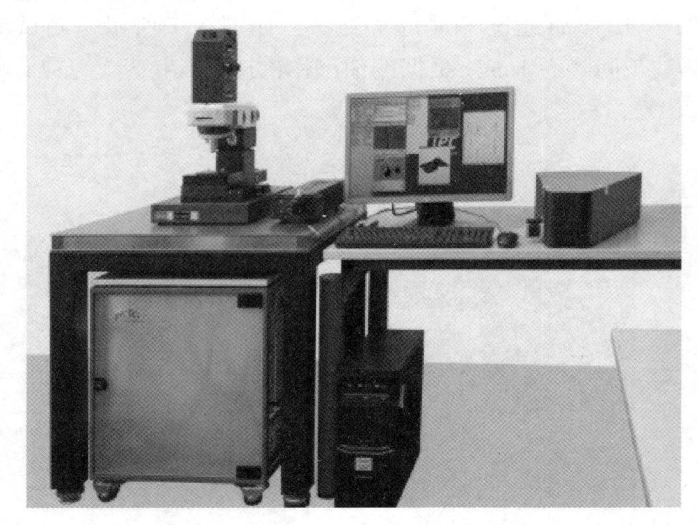

图 3.8 显微共聚焦拉曼光谱仪

3.7.4 电子顺磁共振谱

电子顺磁共振(Electron paramagnetic resonance，EPR)也称电子自旋共振(Electron spin resonance，ESR)，是一种检测和研究含有未配对电子顺磁性物质的波谱学检测技术。当材料中存在未成对电子时，在外磁场作用下，这些未成对电子会按照一定取向进行排列，并发生能级分裂，即塞曼分裂。能级分裂的大小与磁场强度成正比。两个能级之差由量子力学可以得到：

$$\Delta E = g\beta H \tag{3.29}$$

式中，g 为顺磁因子，其值一般在 2.0 左右(如 $g_e = 2.0023$，e 代表自由电子)；β 为玻尔磁矩，其值为 9.274×10^{-24}J/T；H 为外加磁场的强度。

此时，如果在垂直磁场的方向上外加频率为 ν 的电磁波，当入射的微波能量($E = h\nu$)与 ΔE 相等时，就会产生共振吸收的现象，自旋电子从低能态跃迁至高能态。

研究超快激光辐照玻璃后的 EPR 光谱，可以获得缺陷能谱，并可根据玻璃组分分析其类型和含量；对于玻璃内本身含有过渡金属的情况，还可以直接检测元素价态的变化。本书中利用德国 Bruker 公司的 EPR 波谱仪(型号：ELEXSYS

E500）测试了样品的 EPR 光谱，如图 3.9 所示。测试温度为 100K，微波频率为 9.44GHz，场调制为 100kHz。通过磁场扫描获得共振谱，可根据式(3.29)计算出 g 因子，从而分析 PTR 玻璃内缺陷结构变化。

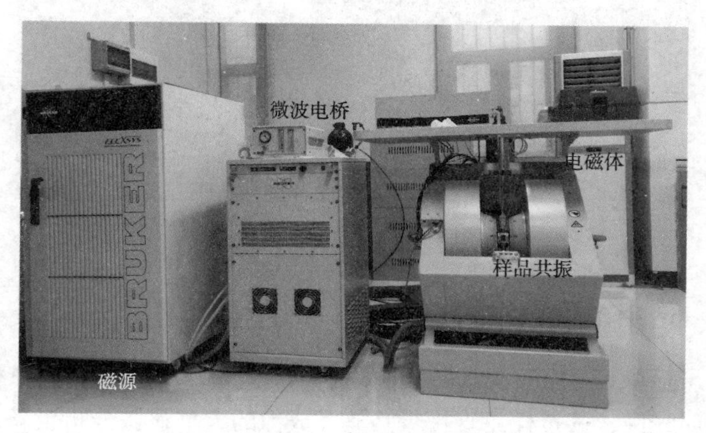

图 3.9 电子顺磁波谱仪

3.7.5 X 射线衍射

X 射线衍射(X-ray diffraction，XRD)是指一定波长的 X 射线照射在被测样品上，当样品是晶体时，X 射线在样品内遇到规则排列的原子或离子时会发生散射，散射的 X 射线只能在某些方向上叠加加强，从而形成与结晶结构相对应的特有衍射峰。当待测样品是非晶态时，原子的空间排列是无规则的，因此无法形成衍射峰。XRD 的理论基础是布拉格方程：

$$2d\sin\theta=n\lambda \tag{3.30}$$

式中，d 为晶面间距；θ 为入射角；n 为衍射级数；λ 为 X 射线波长；2θ 则为衍射角。它是 X 射线在晶体内产生衍射的基本条件。

利用 X 射线衍射仪可以定性或定量地实现对粉末、块体及薄膜等各种类型材料的晶相、物相分析。实验操作过程简单，并拥有完整的数据库可供后续数据处理分析。本书中采用德国 Bruker 公司生产的 X 射线衍射仪（型号：D8 Discover）对不同阶段的 PTR 样品进行了表征，如图 3.10 所示。由于样品内晶体信号较弱，因此制备了粉末样品来提高测试精度，测试研究了不同阶段内样品的晶体生长情况。需要说明的一点是，该设备的靶材为 Co 靶，与常用的 Cu 靶相比，测试结果会有一定偏移。样品测试范围为 20°~90°，步长为 0.05°。

图 3.10　X 射线衍射仪

3.7.6　透射电子显微镜

透射电子显微镜(Transmission electron microscope，TEM)是一种利用高能电子束充当照明光源，透过样品直接对其放大成像的大型显微分析设备。透射电镜通常采用热阴极电子枪发射高能电子束作为照明光源。电子在阳极加速电压的作用下，高速穿过阳极孔，然后被聚光镜汇聚成具有一定直径的平行束斑光源照射在样品上，透过样品的光束再经过物镜、中间镜、投影镜三次放大最终投影在荧光屏上。根据阿贝公式，光学透镜的分辨本领 d 可表示为：

$$d=\frac{0.61\lambda}{n\cdot\sin\alpha}=\frac{0.61\lambda}{NA} \tag{3.31}$$

式中，λ 为照明光束的波长，n 为透镜上下方介质的折射率；α 为透镜的孔径半角。

可以看出，波长是决定透镜分辨率大小的主要因素。而电子束的波长远远小于可见光的波长，大大提高了显微镜的分辨率。更重要的是，具有一定能量的电子束与样品发生作用，可以反映出样品的微区形貌、纳米颗粒形貌、晶体结构及样品元素等多种信息。

本书采用的是美国赛默飞(原 FEI)生产的型号为 Talos F200X 的场发射透射电子显微镜(见图 3.11)。通过透射电镜的测量，观察到了样品曝光区域内纳米颗粒的形貌。值得注意的是，使用透射电镜测试粉末样品时，需提前将其混合于无水乙醇溶液中，经超声分散后滴在铜网上并进行干燥，方可进行透射观察。

3.7.7　相衬对比显微镜

相衬对比显微镜(phase contrast microscope，PCM)的成像原理为：利用待测样品结构成分之间折射率差和厚度差，把通过不同部分的光程差转变为光强差，

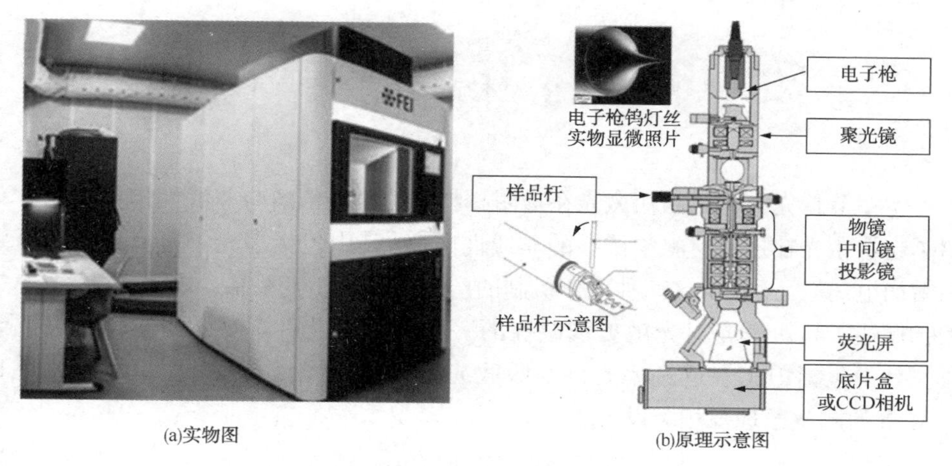

(a)实物图　　(b)原理示意图

图 3.11　场发射高分辨透射电子显微镜

再经过关键部件，利用带有环状光阑的聚光镜和配有相位板的相差物镜从而实现观测，如图 3.12 所示。通常，这种显微镜用于观察具有不易分辨轮廓和结构的生物细胞标本。同时，对于玻璃这种透明材料内部的折射率变化信息，也可以通过该手段进行表征。本书采用日本 Olympus 的正相衬对比显微镜(型号：BX51)拍摄获得了样品的 PCM 图像。利用该手段，可以直接获取超快激光对 PTR 玻璃折射率改性的信息。

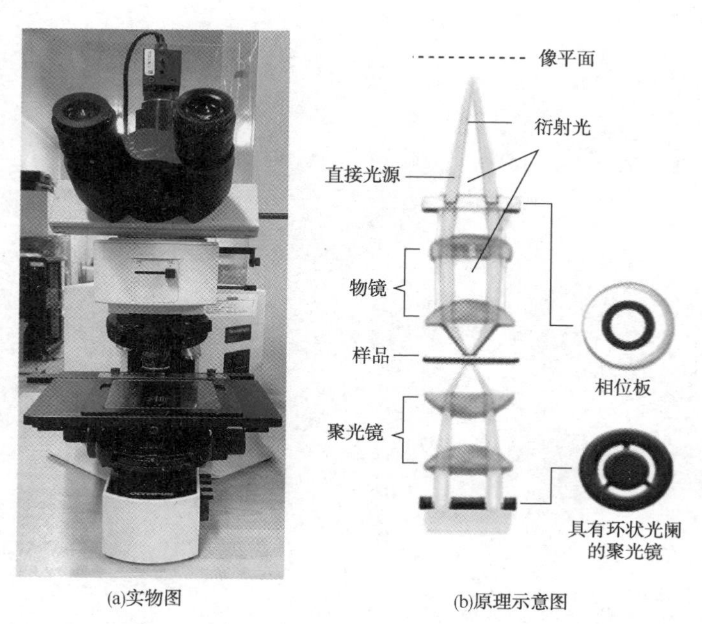

(a)实物图　　(b)原理示意图

图 3.12　相衬对比显微镜

3.8 本章小结

本章节首先介绍了超快激光在透明材料中的线性传播与非线性传播。随后介绍了超快激光在透明材料中诱导的非线性电离(其中包括多光子电离、隧道电离和雪崩电离)，阐述了这三种电离机制的产生条件及相互关系；以 Foturan 玻璃为例，概述了超快激光对光敏玻璃改性的一般过程；最后简要介绍了相关表征手段，其中包括 DSC、透过率光谱与吸收光谱、拉曼光谱、EPR、XRD、TEM 和 PCM 等的测试原理及相关设备。

第 4 章

超快激光场下PTR玻璃的光化学响应

4.1 引　　言

PTR 玻璃的光敏性不仅可以通过紫外曝光方式来激发，还可以通过近红外飞秒激光曝光方式来触发。超快激光的独特优势在于，为 PTR 玻璃内部制造三维光学元件提供了强有力的技术保障。近年来，研究人员分别利用飞秒激光在 PTR 玻璃上制备了菲涅尔透镜及透射式体布拉格光栅等光学元件。然而，当超快激光与 PTR 玻璃相互作用时，针对超短脉冲激光诱导玻璃内部产生的非线性光化学响应及纳米结晶颗粒生长机制之间的作用规律的研究还较为欠缺。理论上，在曝光过程中，PTR 玻璃内部的自由电子主要来源于玻璃基质的非线性电离，被认为与 Ce 离子无关。实际上，在超快激光曝光过程中，电子的产生和迁移过程非常复杂。有研究表明，Ce 离子的掺杂可以促进银纳米颗粒的产生，并且与其掺杂浓度相关。对于 PTR 玻璃组分中包含多种多价离子的情况，Ce 离子和 Sb 离子是否参与了非线性光热过程，甚至是否影响了银纳米颗粒的产生以及后续 NaF 纳米晶体的生长，目前尚不清楚。

因此，本章从对超快激光触发下 PTR 玻璃内部的非线性光化学过程的研究出发，探索非线性光热敏结晶机理，研究激光写入参数与纳米晶体生长机制之间的作用规律，并进一步研究 CeO_2 和 Sb_2O_3 对 PTR 玻璃在超快激光场下 PCM、透过率光谱、吸收光谱、EPR 光谱以及 XRD 光谱的影响，更深一步揭示 PTR 玻璃中缺陷及纳米晶体的形成演变机理。

4.2　材料制备与系统搭建

4.2.1　PTR 玻璃的制备

玻璃成分的选择决定了其后续的各项性能，对于 PTR 玻璃体系，其性能需要满足透过率高、折射率调制高、破坏阈值高这三个主要需求。依据这些要求，我们制备的 PTR 玻璃的配方摩尔比为：SiO_2 73，Na_2O 11，$ZnO+Al_2O_3$ 7，$BaO+La_2O_3$ 3，NaF 5，KBr 1，微量掺杂成分为 SnO_2 0.02，CeO_2 0.02，Sb_2O_3 0.08，$AgNO_3$ 0.01。其中，ZnO 和 Al_2O_3 可以提高玻璃的化学稳定性，KBr 是结晶过程中不可缺少的成分。需要说明的是，该配方是基于经典氟系 PTR 玻璃体系给出的。除此之外，掺杂不同含量、不同种类的卤族元素，可以获得不同组分的壳结构从而引起材料折射率的正向或负向调制，如氯系 PTR 和溴系 PTR。对于传统氟系 PTR 玻璃，生成的晶体为 NaF，该晶体折射率小于 PTR 玻璃基体折射率；相反，对于氯系 PTR 玻璃，生成的晶体为 AgCl-NaCl，该晶体折射率大于 PTR 玻璃基体折射率；同样，对于溴系 PTR 玻璃，热处理过程中生成的晶体为 AgBr，从而引起晶体生长区内材料折射率的增加。

以上原料均为分析纯级别，称量后将所有原料通过搅拌使其充分混合至均匀，该步骤可以有效减少后期过程中出现的气泡、条纹等缺陷。将充分混合的原料置于铂坩埚中，在电阻炉中升温至 1440℃ 并保温 5h。为了保证玻璃液的均匀，该过程进行持续性机械搅拌。随后将玻璃液浇注在预热 350℃ 的铜模具上进行成型。此时得到的玻璃内部具有较大的热应力，为了消除该应力，应迅速将成型的玻璃放置于退火炉中，退火温度设置为 500℃，时间为 6h，随后关闭电源使其自然冷却至室温。根据实验需求，切割样品尺寸为 10mm×10mm×2mm，并利用氧化铈粉末对其进行六面抛光至光学量级。

4.2.2　超快激光曝光 PTR 玻璃系统的搭建

本实验中采用的激光光源为 Yb：KGW 再生放大器（Pharos，Light Conversion Ltd.），其激光中心波长为 1028nm；最短脉冲宽度为 220fs，可调范围为 0.22～10ps；脉冲重复频率在 1kHz～1MHz 范围内可调。本次实验选定重复频率为 50kHz。从激光器出射的超短脉冲激光通过多个反射镜及扩束系统后将光束传输至较高的光学平台上，此时的光束仍为高斯光束。随后通过轴棱锥（底角 2°）将其转换为贝塞尔光束，再通过由焦距为 200mm 的单透镜和焦距为 20mm 的聚焦物镜（Mitutoyo NIR，10×，$NA=0.26$）组成的缩束因子为 10 的 $4f$ 系统进行光束压缩，最终由物镜出射的零阶贝塞尔光束可直接聚焦在待加工样品内部。详细的实验系统实物图及示意图如图 4.1 所示。

在对样品进行刻写前，除了调平光路外，首先需将抛光好的样品固定在高精度的三维位移气浮平台的样品台（ANT130，Aerotech）上，并利用观测系统（CCD）对样品进行调平，使其 X、Y、Z 三个方向与位移平台的 X、Y、Z 轴分别平行。随后将样品移动至聚焦物镜的正下方，使贝塞尔光束传播方向垂直于样品上表面（XY 平面）。通过计算机驱动位移平台，使 Y 轴以 200μm/s 的速度在 PTR 玻璃内部制备了间距为 4μm、长度为 2mm 的线性结构，如图 4.1（b）所示。

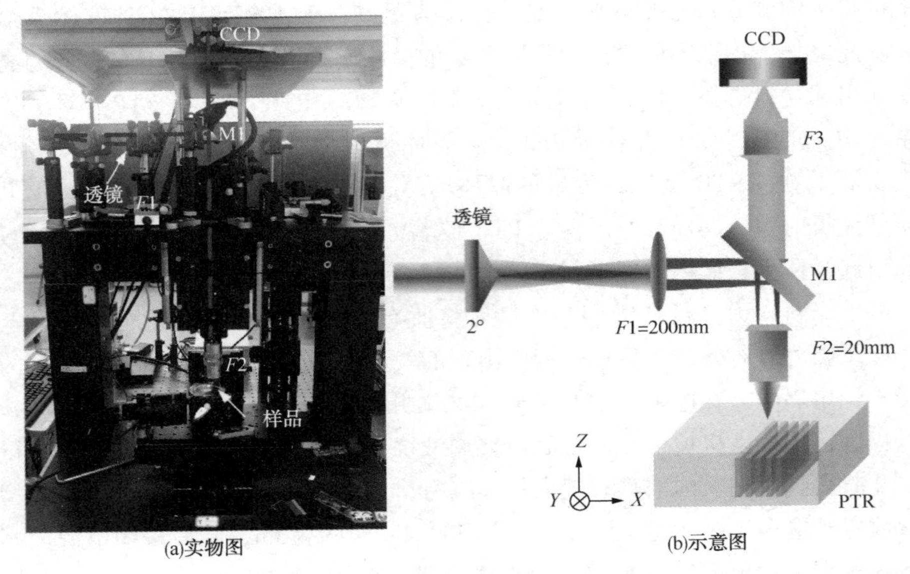

图 4.1 超快激光曝光 PTR 玻璃系统

4.2.3 热处理过程

曝光过后的 PTR 样品经过热处理，从而使曝光区域内超快激光诱导的纳米晶体得到充分生长。为了确定其热处理曲线，首先需对原始 PTR 玻璃进行 DSC 分析，将样品研磨至小于 200 目的粉末放入差示扫描量热仪设备中进行测试，得到的 DSC 曲线如图 4.2 所示。当温度升至玻璃转化温度 T_g时，曲线会向吸热方向移动；当继续升至析晶温度 T_x时，曲线会向放热方向移动，并出现放热峰。从图 4.2 中可得，PTR 玻璃的转化温度 $T_g=509.7$℃，析晶起始温度 $T_x=617.1$℃。

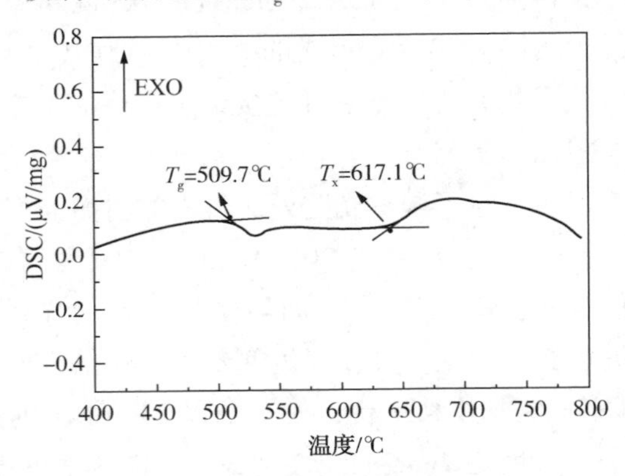

图 4.2 PTR 玻璃的 DSC 曲线与转变温度 T_g

依据DSC曲线并通过一系列不同成核温度及结晶温度的尝试，最终选取460℃和540℃分别作为PTR玻璃的成核温度和结晶温度，并制定了如图4.3所示的热处理工艺曲线。热处理具体工艺为：将曝光后的样品放置于马弗炉中，先从室温以0.7℃/min的速率升至460℃，在该成核温度下保温3h，使曝光区域内形成足够多的晶核；然后以0.9℃/min的速率升至结晶温度，并保温1h使纳米晶体得到充分生长，同时保证非曝光区域不产生任何析晶现象；最后以0.5℃/min的速率降温至室温。

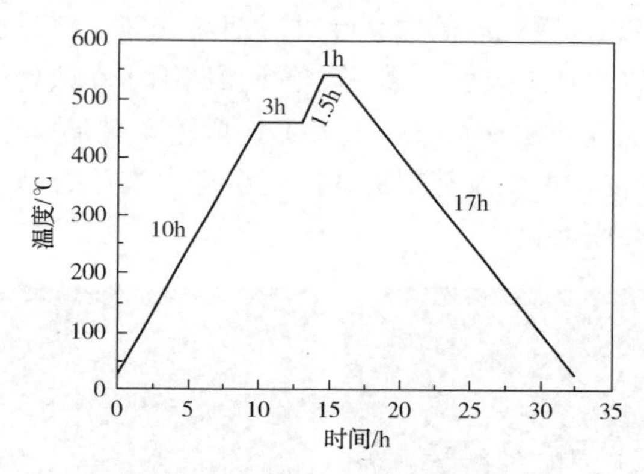

图4.3　PTR玻璃的热处理工艺曲线

4.3　PTR玻璃的非线性光热敏特性

飞秒激光曝光与紫外曝光PTR玻璃的主要区别在于，飞秒激光与PTR玻璃相互作用时会引发非线性光化学反应，而紫外线与PTR玻璃相互作用时则不会。飞秒激光诱导的非线性光电离可以在玻璃基体中产生大量的自由电子，这在后续过程中起着非常重要的作用。为了研究两种曝光方式下光化学响应过程的差异，采用脉冲宽度220fs、单脉冲能量8μJ的超短脉冲激光对PTR玻璃进行了曝光，分别研究对比了曝光前、曝光后、热处理后三种状态下PTR玻璃的相位对比、透过率、吸收光谱及拉曼光谱，并对热处理后的样品进行了XRD和TEM表征，分析了PTR玻璃在飞秒激光曝光方式下含银纳米晶体的一般演化过程。

4.3.1　色心和银纳米颗粒的产生

图4.4分别给出了PTR样品在曝光后及热处理后，零阶贝塞尔飞秒光束在

玻璃内部 XY 平面上形成的轨迹折射率变化。当飞秒脉冲激光作用后，焦场区域的 PTR 样品呈现出正的折射率变化(黑色轨迹)，如图 4.4(a)所示。这是因为超快激光与玻璃相互作用时产生的多光子吸收等非线性电离效应破坏了玻璃内部的化学键(如硅氧键等)，并产生了部分的 NBOHCs。这是一种“柔性光化学”过程导致的结构致密化，从而导致曝光区域内折射率增加。这种现象在飞秒激光与熔融石英玻璃的相互作用中同样存在。PTR 玻璃在飞秒激光曝光后产生的折射率变化是不可忽略的，其值 Δn 在 10^{-4}~10^{-3} 量级，而在紫外曝光条件下产生的折射率变化 Δn 仅为 10^{-6} 量级。曝光后的样品经过后期热处理，刻写轨迹变为白色，代表着折射率相对于玻璃基体减小。这一现象主要归因于在热处理过程中，焦场区域内生成的氟化钠晶体折射率($n_{NaF}=1.33$)小于 PTR 玻璃基质的折射率($n_{PTR}=1.49$)。因此，纳米晶的产生及其周围的高残余应力被认为是导致焦场区域内样品折射率降低的主要原因。

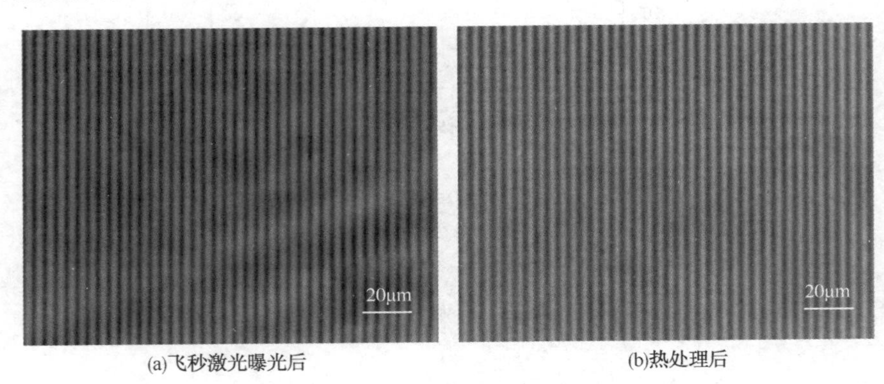

(a)飞秒激光曝光后　　(b)热处理后

图 4.4　PTR 样品的相位对比图

利用分光光度计分别对初始状态下、飞秒激光曝光后、飞秒激光曝光和热处理后的 PTR 玻璃样品透过率进行了测量，如图 4.5(a)所示，对应的吸收光谱如图 4.5(b)所示。从图中可以看出，在 350~800nm 波长范围内，未曝光的 PTR 玻璃样品为无色透明状，透光率在 85%以上。其吸收能带约为 4.3eV，是由 Ce^{3+} 的 4f~5d 跃迁引起的，吸收边缘约为 340nm，峰值约为 305nm(曲线 A)。飞秒激光曝光导致紫外和可见光光谱范围内透过率明显下降，形成了一个中心在 350nm 附近的宽吸收带(曲线 B)，此处吸收主要是由 PTR 玻璃中产生的色心以及 Ag^{+} 的还原导致的。热处理后，PTR 样品在 350~600nm 波长范围内透过率明显下降，出现了一个峰值约为 466nm 的宽吸收带(曲线 C)，该吸收带的产生是银纳米颗粒的表面等离子体共振(SPR)导致的。

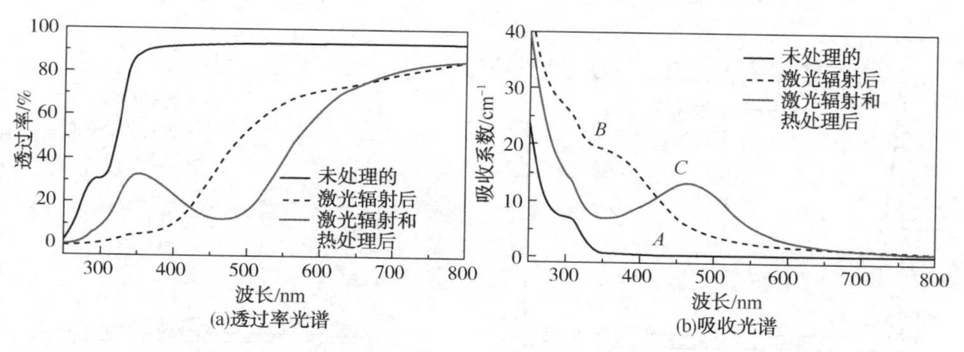

图 4.5　PTR 玻璃在不同阶段的透过率光谱及吸收光谱

为了进一步分析样品中结构缺陷的变化，对上述吸收光谱进行了高斯分峰拟合，结果如图 4.6 所示。在原始 PTR 玻璃[图 4.6(a)]中，铈离子以 Ce^{3+} 和 Ce^{4+} 两种离子态存在，并在紫外波段有着很强的吸收。中心波长位于 $\lambda=229$nm($E=5.42$eV)和 $\lambda=302$nm($E=4.11$eV)的两个吸收峰分别对应于 Ce^{4+} 和 Ce^{3+} 的吸收。高能带区的能带增长较快，这与 Ce^{4+} 的吸收有关，并且 Ce^{3+} 和 Ce^{4+} 的吸收带有一定的重叠。在飞秒激光曝光过程中，PTR 玻璃基质通过非线性电离产生了大量的自由电子-空穴对。由于在焦场区域内连续多个脉冲积累导致的热效应，光场中的自由电子很容易被银离子俘获，从而产生银原子和银分子团簇，如 Ag_2、Ag_{2+}、Ag_{3+} 等。这些银团簇组成的银纳米颗粒则可以作为后续纳米晶的成核中心。曝光后样品的吸收光谱[图 4.6(b)]中 $\lambda=392$nm($E=3.17$eV)和 $\lambda=441$nm($E=2.82$eV)的吸收峰均是由银分子团簇引起的。除了银离子外，自由电子和空穴同时可以被玻璃中的晶格缺陷或杂质俘获。因此，$\lambda=350$nm($E=3.55$eV)处的吸收带可归因于色心的产生，如非桥氧空穴中心(NBOHC，≡Si-O·)、E′中心(≡Si·)、L′中心(≡Si-O-Na^+、≡Si-O-Ag^+)等。一般来说，由于各种色心吸收峰的重叠，因此研究这种能带结构并将各种色心(电子中心或空穴中心)一一明确是一项极富有挑战性的任务。在随后的热处理过程中，曝光区域开始在成核中心析出晶体，从而引起折射率的进一步变化。热处理后，样品吸收光谱[图 4.6(c)]中 $\lambda=463$nm ($E=2.68$eV)处的吸收峰对应于银纳米颗粒的 SPR 吸收峰。同时，在热处理过程中，一部分色心得到了修复，因此色心的吸收带明显减小但并未完全消失，这说明飞秒激光诱导的色心稳定性高于紫外曝光产生的色心稳定性。例如，在熔融石英玻璃中，漂白所有色心需要的热处理温度高达 750℃。此外，在激光辐照阶段，在波长 600nm 附近产生了一个新的弱吸收峰，热处理后该峰的强度明显增强，这可能与一些未知的粒子有关，还需进一步研究。

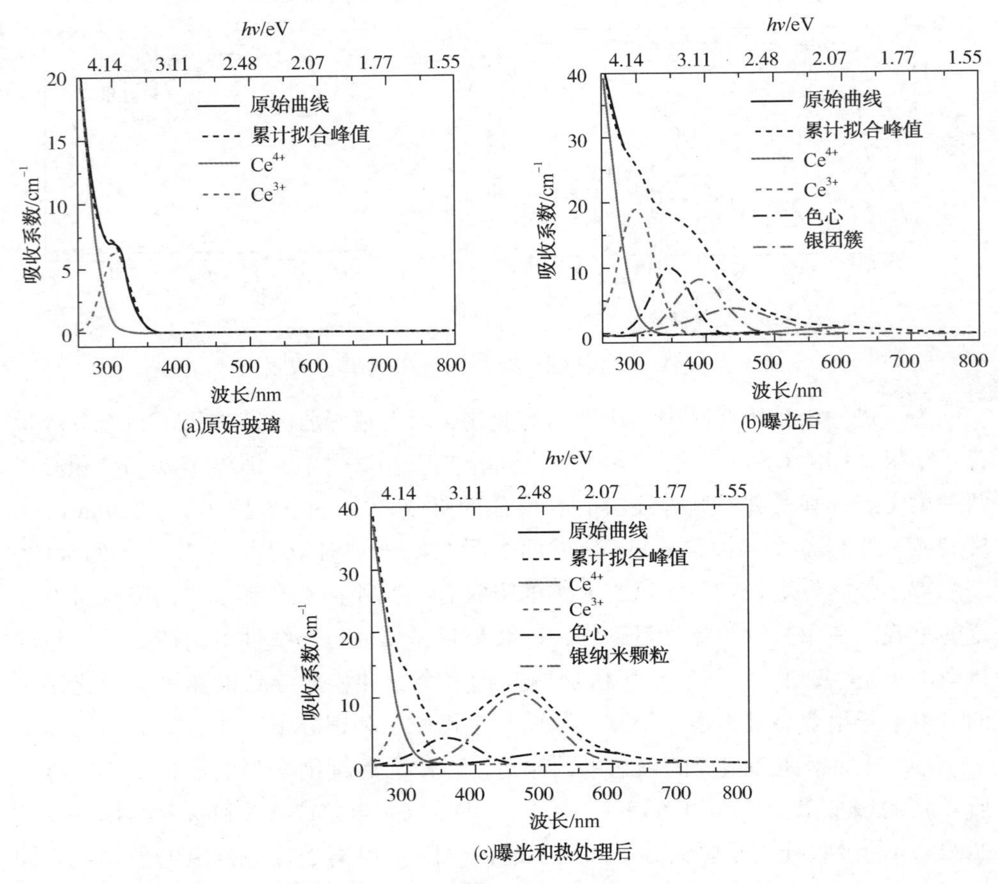

图 4.6 PTR 玻璃的吸收光谱高斯分峰拟合图谱

图 4.7 为 PTR 玻璃在 200～1400cm^{-1}范围内的归一化拉曼光谱。从图中可以看出，该光谱主要由三个部分组成：500cm^{-1}左右的中频波段、800cm^{-1}和 1100cm^{-1}处的高频波段。其中，500cm^{-1}的宽拉曼散射峰是由 Si-O-Si 的弯曲振动、硅氧三元环和四元环结构产生的；800cm^{-1}处的拉曼峰信号对应于$(SiO_4)^{4-}$的对称伸缩振动；1100cm^{-1}处的拉曼峰则对应于硅氧四面体中每个硅原子非桥接氧原子为 1 情况下的 $Si-O^-$的伸缩振动。飞秒激光曝光后，拉曼光谱的散射峰强度呈上升趋势，断键的产生而引起的相关结构变化导致了曝光区域内的致密化及缺陷的产生，从而引起样品曝光区域折射率增高。热处理后，拉曼峰信号强度增加，引起该现象的原因是，不稳定的缺陷结构随着温度的上升而消失，但同时产生了新的缺陷网格结构。

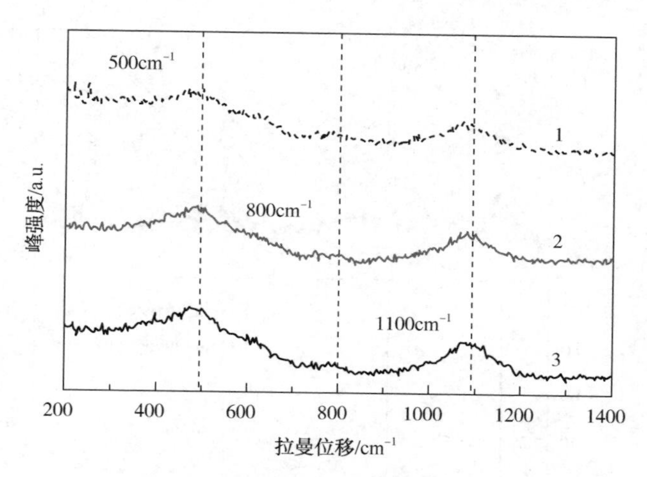

图 4.7　PTR 样品的归一化拉曼光谱

1—原始玻璃；2—曝光后；3—热处理后

4.3.2　非线性光热敏结晶机理研究

借助 XRD 可以快速确认样品的析晶状态和内部包含的晶相。初始未经处理的 PTR 玻璃呈非晶态，没有任何衍射峰。而经过飞秒激光曝光和热处理后的 PTR 玻璃具有明显的晶体结构，如图 4.8 所示。在激光曝光过程中，PTR 玻璃基体中的孵化效应会产生高温高压条件，从而促使非晶态熔融石英向结晶石英转变。因此，衍射峰 $2\theta=31.03°$ 为飞秒激光脉冲与 PTR 玻璃相互作用过程中产生的 SiO_2 晶相(ICSD 79-1910)的(101)面衍射。其余三个衍射峰 $2\theta=45.15°$、$66.11°$ 和 $83.75°$ 则分别对应于立方形 Fm-3m 晶体结构的 NaF 晶相(ICSD 89-2956)的(200)、(220)和(222)面衍射。上述结果表明，飞秒激光曝光和热处理后的 PTR 玻璃内部生成了以银纳米颗粒为成核中心、NaF 为壳的核壳结构纳米晶颗粒。

为了表征退火后 PTR 样品内部的微观结构，利用 TEM 对其进行了测试，结果如图 4.9 所示。样品的选区电子衍射图[见图 4.9(a)]为明显的多晶衍射环，证实了实验过程中形成了纳米晶体，但无法确定该纳米晶核壳结构的性质。样品的亮场高分辨透射电镜图像如图 4.9(b)所示，从图中可以清楚得到晶体的晶格条纹间距为 0.24nm，与立方形 NaF 的(200)晶面的面间距($d_{(200)}=0.2317$nm)相吻合。根据图 4.9(c)的暗场图像，绘制了纳米晶体的尺寸分布直方图，如图 4.9(d)所示。从图中可以看出，该纳米晶体随机分布在曝光区域内，形状近似球体，直径分布在 2.5~7.5nm 区间。

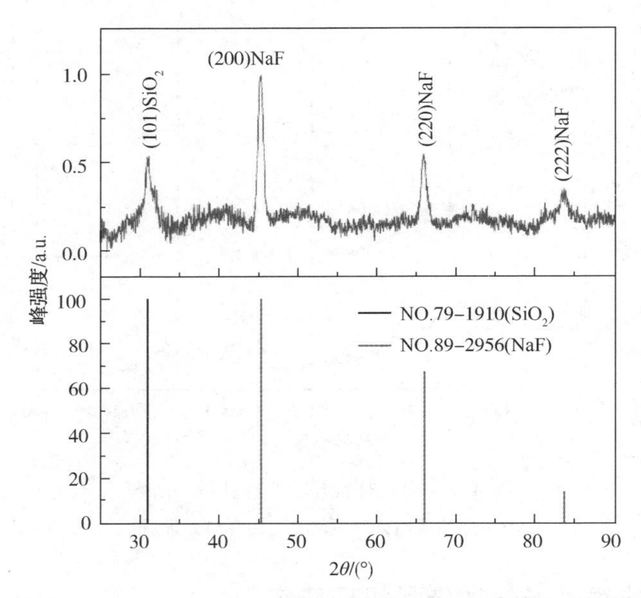

图 4.8　飞秒激光曝光和热处理后 PTR 玻璃的 XRD 图谱

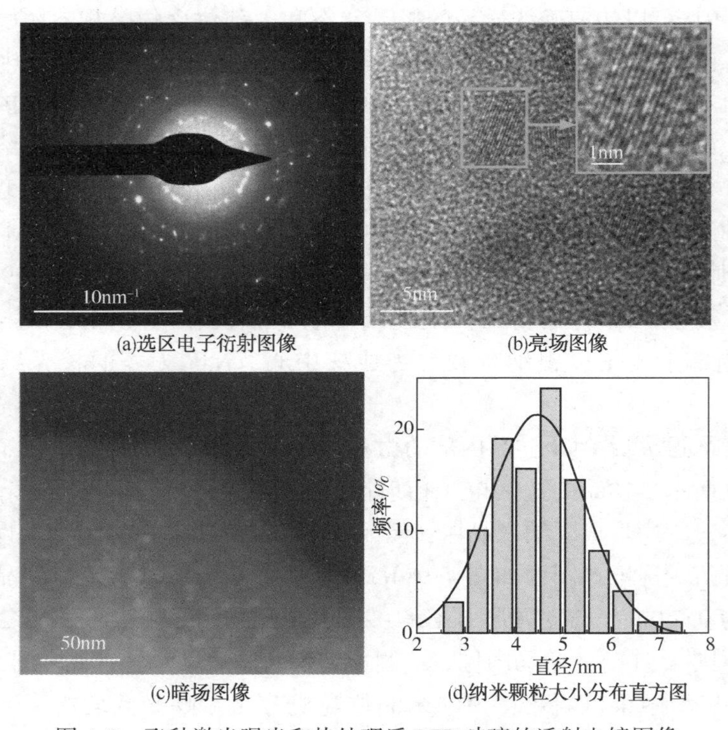

图 4.9　飞秒激光曝光和热处理后 PTR 玻璃的透射电镜图像

基于以上分析，PTR 玻璃经飞秒激光曝光和热处理后，其内部纳米晶体的演变过程可用“三步法”机理模型来描述，它与紫外曝光的线性相互作用对比如图 4.10 所示。本实验所使用的 PTR 玻璃为硅酸盐类玻璃，其基本结构单元为四面体，其中 Si 是 O 的 4 倍配位。以 Si 为中心的四面体的结构可以命名为 Q_n，其中 Q 为硅原子，n 为结构单元中键桥氧的数量。在第一阶段曝光过程中，超快贝塞尔激光会引起 PTR 玻璃内部产生非线性效应。由图 4.5(b)可以计算得到 PTR 玻璃样品的带隙为 4.67eV。在这种情况下，对于写入激光的单光子能量为 1.21eV 时，至少需要四光子吸收才能激发电子穿过带隙。强电场的瞬间出现，会导致 Q_n 发生无序运动，从而产生大量的自由电子和空穴对，并诱导产生一些在紫外波段范围内具有强吸收作用的缺陷。自由电子大部分为毗邻的银离子所俘获，并形成银分子团簇。在这个过程中也产生了一部分石英晶体，同时在热沉积作用下也可能形成了少量的银纳米颗粒。而对于紫外曝光过程，电子则来源于 Ce^{3+} 的线性光敏反应，其中部分电子可以直接被银离子捕获形成银原子和银分子团簇，但后续被证实主要是为 Sb^{5+} 所俘获。因此，紫外曝光方式下的第二阶段(加热阶段 I)将导致 Sb^{5+} 释放大量电子，进一步与银离子作用形成银分子团簇和胶体银粒子。

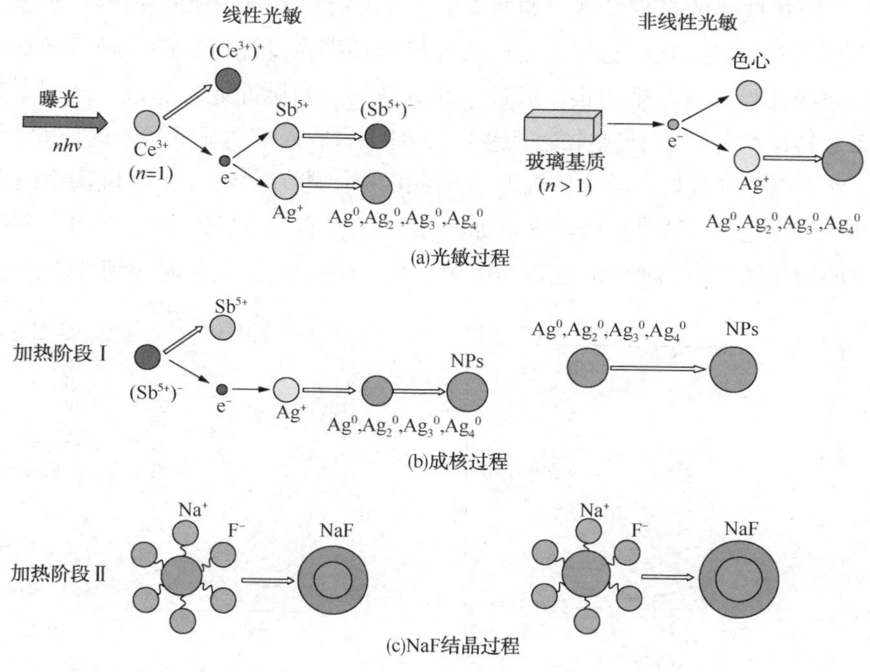

图 4.10　PTR 玻璃的线性和非线性光热诱导结晶机理示意图

而对于飞秒激光曝光，在第一阶段样品焦区内就已完成了银分子的团簇，而在该加热阶段则促进了银纳米颗粒的产生及均匀化。第三阶段进一步地加热导致在上述两种方式下以银核为生长点析出 NaF 晶体。由于本实验中使用的激光重复频率为 50kHz，因此热效应并不很明显，从而纳米晶体可以被有效地限制在焦点附近，允许亚微米尺度内含银纳米晶体在玻璃中的三维局域可控性生长。

4.4 纳米晶体的局域调控优化研究

为了研究激光参数对 PTR 玻璃非线性光化学响应的影响，分别研究了不同单脉冲能量和脉冲宽度下 PTR 玻璃的吸收光谱变化，进而分析了激光参数对银纳米颗粒直径及浓度的局域化调控。

4.4.1 激光脉冲能量对纳米晶体的影响

固定脉冲宽度为 220fs，测试了在不同单脉冲能量(1μJ、2μJ、4μJ、8μJ、12μJ)下 PTR 玻璃的吸收光谱，如图 4.11(a)所示。当激光脉冲能量低于 2μJ 时，吸收光谱没有明显变化，这可能是由激光峰值功率密度过低，PTR 玻璃未表现出明显的非线性吸收或产生的银团簇过小而导致的。当脉冲能量超过 2μJ 时，样品吸收系数持续增加，直到脉冲能量达 12μJ 时，吸收光谱明显下降。这是由于光热蒸发、库仑爆炸和近场烧蚀三种机理导致的银纳米颗粒破坏，从而引起银纳米颗粒尺寸减小。热处理后样品的吸收光谱如图 4.11(b)所示。从图中可以看出，随着脉冲能量的增加，样品的吸收峰也逐渐增大，在脉冲能量为 12μJ 时达到峰值。

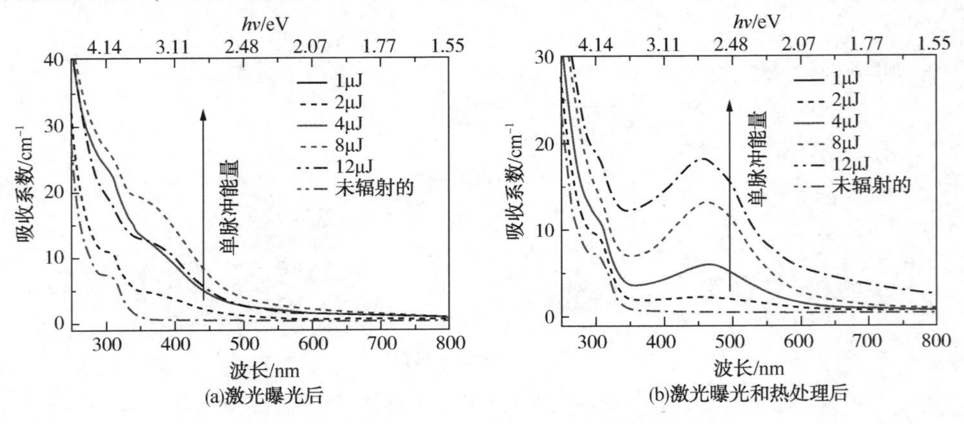

图 4.11 不同单脉冲能量下 PTR 玻璃的吸收光谱

对图 4.11(b)中的吸收光谱进行高斯分峰拟合可得到图 4.12(a)，从图中可以看出，色心和银纳米颗粒的吸收峰随脉冲能量的增加而增大。这是因为非线性电离引起的光电子数量随着脉冲能量的增加而增加，从而使更多的银离子还原为银原子，同时也产生了更多的色心。在热处理过程中，较高的脉冲能量有利于银纳米颗粒的生长，并且同时修复了部分热稳定性较差的色心。图 4.12(b)为银纳米颗粒的吸收峰面积，可以表征 PTR 样品中银纳米颗粒浓度的变化：银纳米颗粒的浓度随着脉冲能量的增加而增加。基于 Mie-Drude 理论，银纳米颗粒的平均直径 D 可以通过下式计算得到：

$$D=\frac{2v_{\mathrm{f}}}{\Delta\omega_{1/2}} \tag{4.1}$$

式中，v_{f} 为费米速度，其值为 $1.39\times10^{8}\,\mathrm{cm/s}$；$\Delta\omega_{1/2}=2c\pi(1/\lambda_1-1/\lambda_2)$，定义为半高宽。

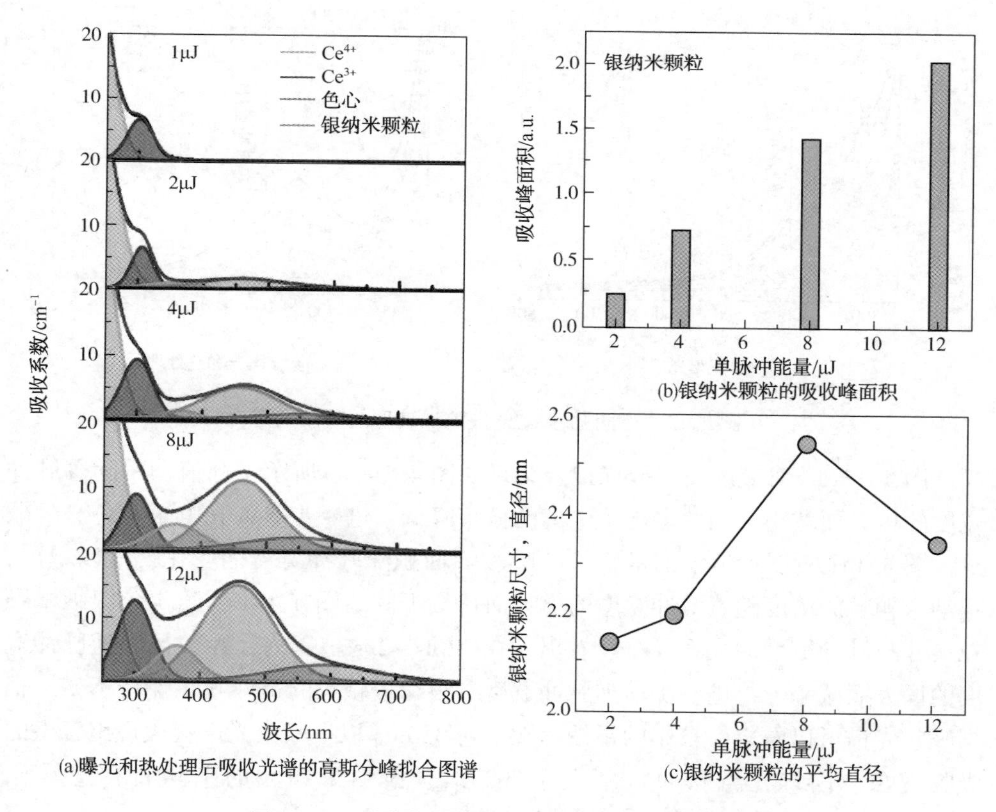

图 4.12 不同单脉冲能量下相关参数的关系图

图 4. 12(c)给出了银纳米颗粒的直径与写入激光脉冲能量之间的关系。当脉冲能量在 2~8μJ 范围内变化时，纳米颗粒直径增加，但当脉冲能量进一步增大时，纳米颗粒直径开始减小，这一现象与光诱导引发的破坏机制相一致。在脉冲能量为 8μJ 时，通过计算可得银纳米颗粒的最大平均直径约为 2. 54nm。

4. 4. 2　激光脉冲宽度对纳米晶体的影响

图 4. 13 表示当单脉冲能量为 8μJ 时，不同脉冲宽度(220fs、1ps、2ps、3ps、4ps)下 PTR 样品的吸收光谱。从图 4. 13(a)中可以看出，样品的吸收强度随脉冲宽度的增加呈现明显的下降趋势。当脉冲宽度为 4ps 时，超快激光几乎对样品的初始吸收光谱不产生影响。热处理导致的吸收变化如图 4. 13(b)所示。随着脉冲宽度的变窄，吸收逐渐增强。

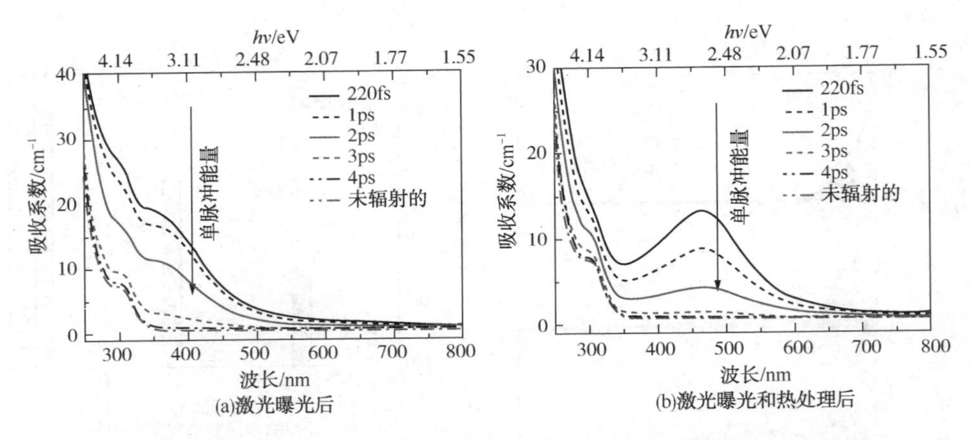

图 4. 13　不同脉冲宽度下 PTR 玻璃的吸收光谱

图 4. 13(b)对应的高斯分峰拟合结果如图 4. 14(a)所示。峰值功率随着脉冲宽度的增大而减小，因此多光子电离的概率降低，进一步导致光电子和色心的减少。图 4. 14(b)展示了银纳米颗粒的吸收峰面积随脉冲宽度的变化，可以看出，银纳米颗粒的浓度随着脉冲宽度的增大而持续下降。图 4. 14(c)给出了银纳米颗粒尺寸与脉冲宽度的关系。可以看出，在 220fs~2ps 范围内，颗粒尺寸随脉冲宽度的增大而减小。再进一步增加脉冲宽度，银纳米颗粒的尺寸几乎保持不变。根据吸收光谱可以看出，较小的银纳米颗粒对 350nm 以下吸收光谱会表现出轻微的吸收现象。因此，当脉冲宽度大于 3ps 时，银纳米颗粒的平均直径应小于 1. 9nm，该现象是等离子体“褪色特性”的体现。

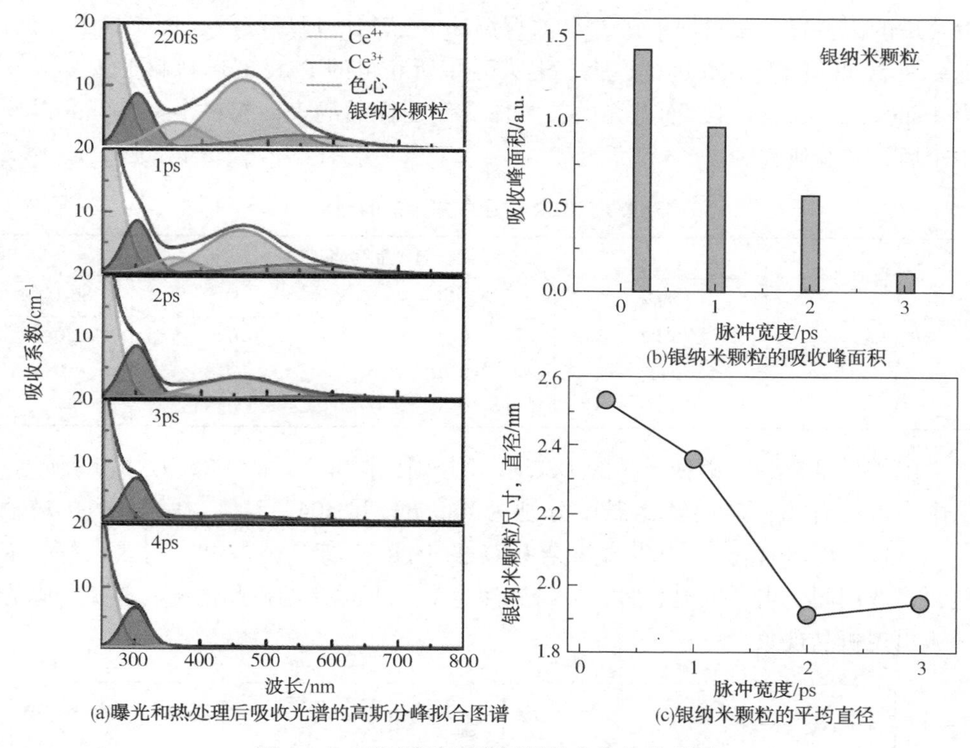

(a)曝光和热处理后吸收光谱的高斯分峰拟合图谱

(b)银纳米颗粒的吸收峰面积

(c)银纳米颗粒的平均直径

图 4.14 不同脉冲宽度下相关参数的关系图

以上结果表明，激光脉冲能量和脉冲宽度对银纳米颗粒的浓度和尺寸有着决定性的影响。较高的能量或较短的脉冲宽度会导致较高的颗粒浓度，但对于获得较大尺寸的银纳米颗粒来说并不是必需因素。总而言之，激光写入参数对纳米颗粒的浓度有着较为显著的影响，然而对颗粒尺寸影响甚微。如果说激光曝光是触发，则后续热处理负责纳米颗粒的生长。因此还需对超快激光辐照 PTR 玻璃诱导的结晶动力学过程进行更多的深入研究和讨论。

4.5 CeO_2和 Sb_2O_3对 PTR 玻璃非线性光化学响应的影响

4.5.1 材料制备与系统搭建

以 $73SiO_2$-$11Na_2O$-7(ZnO+Al_2O_3)-3(BaO+La_2O_3)-5NaF-1KBr(mol%)作为 PTR 玻璃的基体(标记为 P)，制备了一组添加不同含量掺杂剂(SnO_2、CeO_2、Sb_2O_3和 $AgNO_3$)的 PTR 玻璃样品。样品编号及相应掺杂剂含量如表 4.1 所示。

混合后的原料置于铂坩埚中在1440℃保温5h。获得的玻璃液倒入铜模具中成型，随后在500℃下保温6h进行退火。退火后将所获得的PTR玻璃材料加工为尺寸为4mm×4mm×2mm且六面抛光的长方体，保证样品的表面粗糙度≤100nm以便用于后续实验研究。

表4.1 PTR样品中掺杂剂的组成

样品编号	掺杂剂含量/(mol%)			
	SnO_2	$AgNO_3$	CeO_2	Sb_2O_3
P：Ce，Sb	0.02	0.01	0.02	0.08
P：Sb	0.02	0.01	—	0.08
P：Ce	0.02	0.01	0.02	—

P：Sb和P：Ce两种样品的DSC曲线分别如图4.15(a)和图4.15(b)所示。从图中可以看出，玻璃转化温度分别为488.6℃和504.2℃，与常规PTR玻璃(T_g=509.7℃)相比，可以发现掺杂CeO_2的PTR玻璃T_g值较高，耐热性好。因此，当选用同一组参数退火时，应特别注意P：Sb样品的析晶情况，避免未曝光区域出现析晶现象。

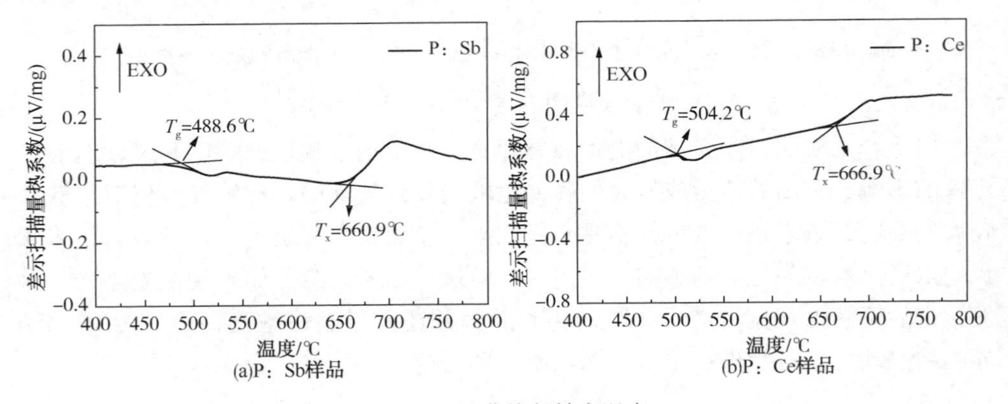

图4.15 DSC曲线与转变温度T_g

不同掺杂的PTR玻璃样品初始透过率曲线如图4.16(a)所示。从图中可以看出，原始玻璃样品都具有较高的光学透过率，其透过率最高可达85%。其中，含Sb离子的样品透过率较高，最高可达92%。这是因为原料Sb_2O_3在玻璃制备过程中可以有效消除玻璃液中的气泡，从而提高样品透过率。材料在紫外波段吸收系数迅速增长时所对应的波长定义为材料的紫外吸收截止波长。当样品只掺杂CeO_2时，其吸收截止波长处主要为Ce^{3+}的吸收；当样品中CeO_2和Sb_2O_3共掺时，紫外吸收截止波长向短波长方向移动，此时透过率较高，说明材料中缺陷的吸收较少；当样品只掺杂Sb_2O_3时，透过率在截止波长处进一步提高。这些结果表明，添加一定量的Sb_2O_3能够减少PTR玻璃中缺陷的形成，从而减少高能区域的吸收。

将上述透过率光谱转换为吸收光谱，并利用Tauc方程可以得到材料的光学带隙能E_g，如图4.16(b)所示。图中曲线截止边与x轴的焦点即为E_g值，样品P：Ce，Sb的光学带隙值为4.67eV，P：Sb和P：Ce的光学带隙值均为4.61eV。可以看出，玻璃组分CeO_2和Sb_2O_3的变化对材料光学带隙影响并不大。

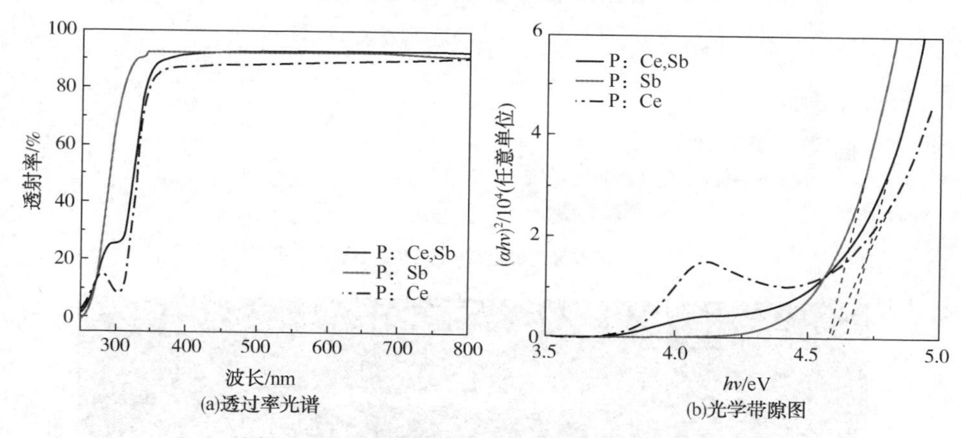

(a)透过率光谱　　(b)光学带隙图

图4.16　PTR样品的透过率光谱及光学带隙图

飞秒激光曝光PTR样品的实验装置如图4.17(a)所示，采用中心波长为1030nm的Yb：KGW飞秒激光器作为激光光源，利用一个λ/2波片和薄膜偏振片对激光能量进行调节。准直后的高斯光束通过一个底角为1°的轴棱锥后产生零阶贝塞尔光束，随后通过由一个凸透镜($f_1=450$mm)和一个聚焦物镜(10×，$NA=0.26$，$f_2=20$mm)组成的倍率为22.5的4f系统进行缩束。该参数下的贝塞尔光束在样品中的拉丝长度约为1.43mm，如图4.17(b)所示。最后由聚焦物镜出射的零阶贝塞尔光束直接聚焦到玻璃样品内。样品被固定在三维移动平台上，并以400μm/s的速度沿Y轴移动样品，在面下150μm处刻写出间距为5μm、长度为4mm的平行轨迹。同时通过控制X轴，最终刻写出了面积为4×4mm^{2}的辐照区域。本实验中所使用的激光写入参数为：脉冲宽度220fs、脉冲频率100kHz、单脉冲能量4μJ。随后将曝光后的样品放置于马弗炉中进行热处理，热处理的具体过程为：首先将样品以0.7℃/min的速率从室温升至成核温度460℃，保温5h，使曝光区域内形成足够多的晶核；然后再以0.9℃/min的速率继续升温至结晶温度540℃，并保温后保持3h，使得纳米晶体颗粒得到充分生长；最后以0.5℃/min的速率降温至室温。

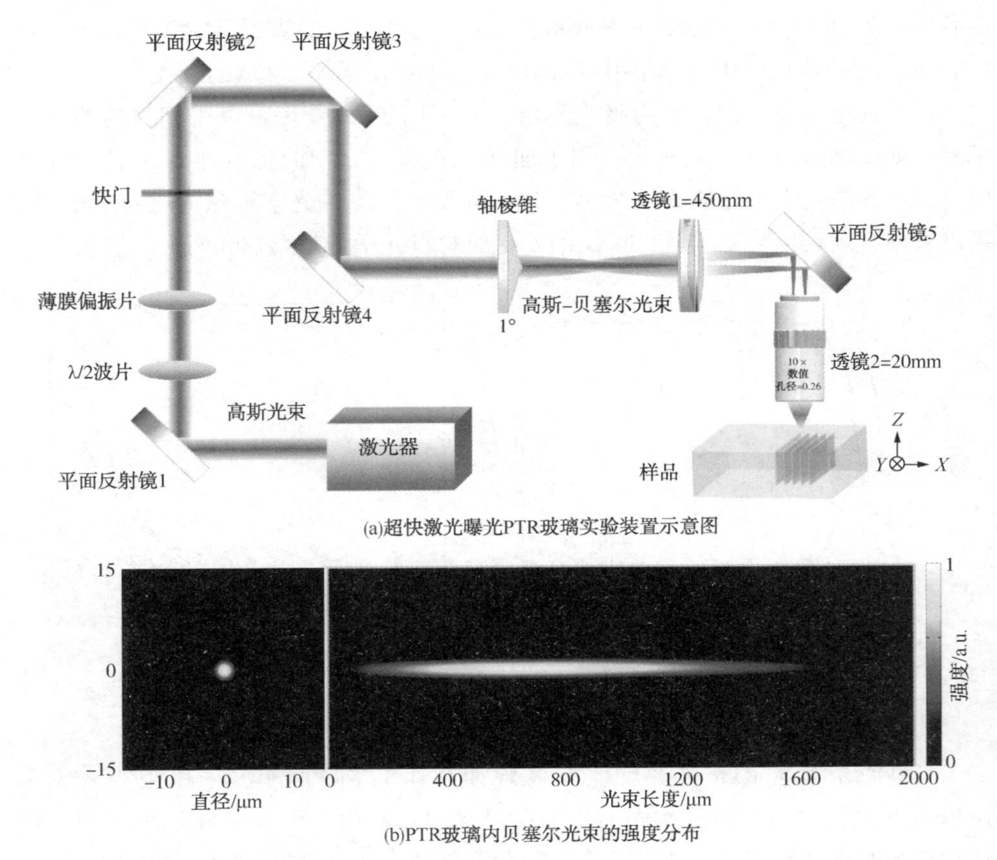

(a)超快激光曝光PTR玻璃实验装置示意图

(b)PTR玻璃内贝塞尔光束的强度分布

图 4. 17　超快激光曝光 PTR 玻璃实验装置和 PTR 玻璃内贝塞尔光束的强度分析

4. 5. 2　CeO_2和 Sb_2O_3对非线性光热敏特性的影响

通过测试飞秒激光曝光及热处理后 PTR 样品的 PCM 图，研究了不同掺杂成分对 PTR 玻璃样品折射率调制量的影响，如图 4. 18 所示。从图中可以看出，飞秒激光作用后三种样品曝光区域均呈现出正的折射率变化现象。该现象与前文分析的常规 PTR 玻璃(P：Ce，Sb)相同，折射率增加主要是由大量缺陷导致的结构致密化引起的。图中黄色曲线部分为图框指定区域所对应的灰度分布曲线，含 Ce 的 PTR 样品[见图 4. 18(a1)和图 4. 18(a3)]对比度明显高于样品 P：Sb[见图 4. 18(a2)]，该现象产生的原因是掺 Ce 的 PTR 样品中含有较多可以吸收紫外波段的缺陷。因此，可以提高样品的非线性电离概率，从而产生较多的缺陷，这与材料的紫外吸收截止波长规律相一致。热处理后，样品曝光区域呈现出负的折射率变化。前文已证实 P：Ce，Sb 样品在该阶段可以形成核壳结构的纳米颗粒，其壳层为折射率低于基质的 NaF 纳米晶体。因此，P：Sb 和 P：Ce 样品中曝光区域折射率的降低可能也是在热处理过程中产生了 NaF 纳米晶体。此外，P：Sb 和 P：Ce 相比于 P：Ce，Sb，刻写轨迹呈现出较强的折射率负向调制，同时这两种样品结构的不均匀性较高，该现象可能与纳米晶体的密度相关。

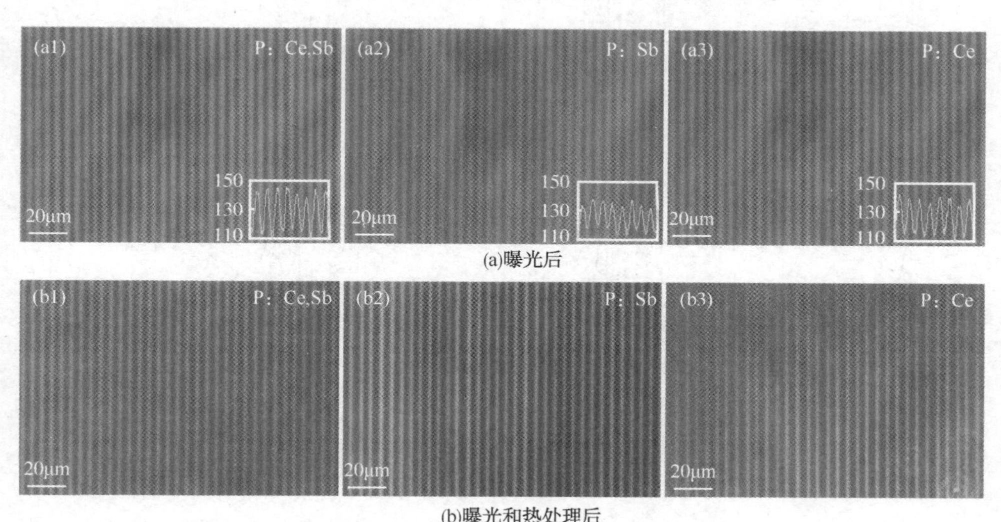

(a)曝光后

(b)曝光和热处理后

图 4.18　不同 PTR 样品在 *X-Y* 平面上的相位对比图

图 4.19(a)为飞秒激光曝光及热处理后 P：Ce，Sb、P：Sb 以及 P：Ce 样品的透过率光谱，相对应的吸收光谱如图 4.19(b)所示。当样品被飞秒激光曝光后，在紫外光及可见光波段透过率都存在着不同程度的下降，且下降趋势基本一致。根据前面的研究，透过率的下降主要来源于飞秒激光辐照过程中产生的色心和银团簇。热处理后，样品在 350~600nm 范围内透过率明显下降，尤其是位于 450nm 附近的透过率下降最为明显，该处透过率下降的主要原因是银纳米颗粒的共振吸收。

将经过飞秒激光曝光及热处理后样品的吸收光谱减去样品的固有吸收光谱，可得到“净吸收”光谱，如图 4.20 所示。从图中可以看出，当飞秒激光曝光后，掺杂 Ce 的样品在波长 260nm 处有明显吸收；当 Ce、Sb 共掺时，在 353nm 处吸收显著增加，说明 Ce、Sb 共掺明显促进了色心和银团簇的产生。另外，Ce^{4+} 和 Ce^{3+} 在这两个波段也贡献了一部分吸收，意味着这些离子可能也参与了非线性光敏过程。该现象与图 4.20(a)中样品实物颜色变化一致。P：Ce，Sb 相比于其他两个样品颜色明显较深，这说明 P：Ce，Sb 样品中 Ag^+ 转化为 Ag^0 以及 Ag_2、Ag_{2+}、Ag_{3+} 等银团簇的效率更高。曝光后的样品经过后期热处理，颜色逐渐变

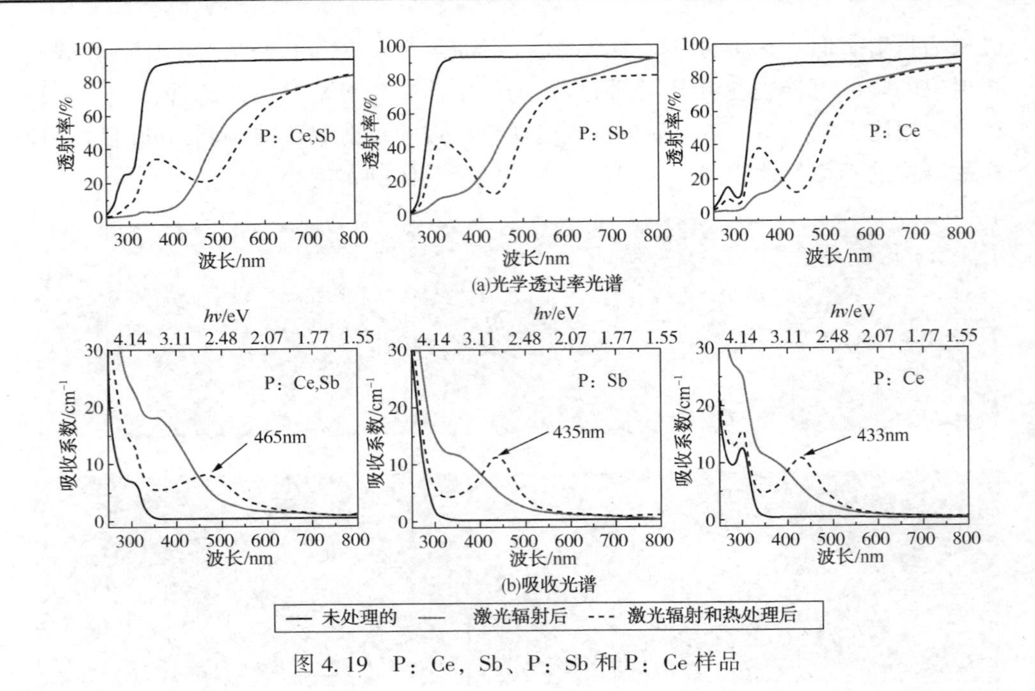

图 4.19 P：Ce，Sb、P：Sb 和 P：Ce 样品

深，如图 4.20(b)所示，其中 P：Ce，Sb 样品变为红棕色。三种样品的吸收系数分别在 $\lambda=465$nm($E=2.67$eV)、$\lambda=435$nm($E=2.86$eV)和 $\lambda=433$nm($E=2.87$eV)处明显增加。银纳米颗粒的表面等离子体共振波长严重依赖于银纳米颗粒的尺寸分布、浓度及形状。对热处理后样品的吸收光谱进行高斯分峰拟合，并根据 Mie-Drude 理论，计算得到银纳米颗粒的平均直径分别为 2.14nm(P：Ce，Sb)、2.3nm(P：Sb)、3.04nm(P：Ce)。比较不同样品银纳米颗粒的吸收峰面积可以看出，P：Sb 的银纳米颗粒浓度明显低于含 Ce 的样品。

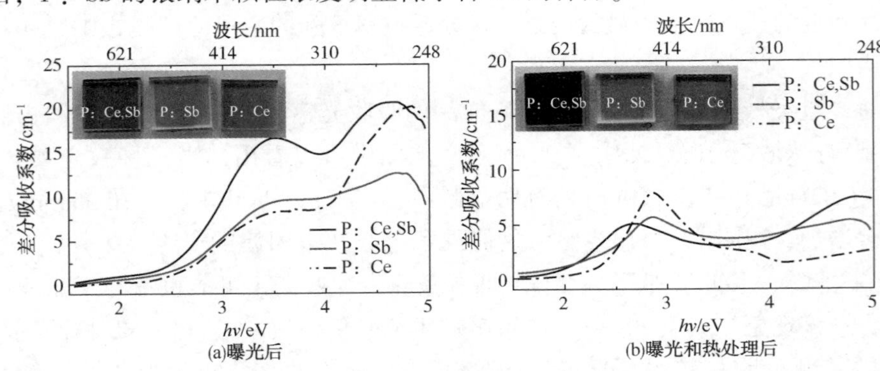

图 4.20 P：Ce，Sb、P：Sb 和 P：Ce 样品的净吸收光谱

利用图 4. 19(b)中的吸收光谱进一步可以得到飞秒激光辐照及热处理后 PTR 玻璃的光学带隙，如图 4. 21 所示。未处理的 P：Ce，Sb、P：Sb 和 P：Ce 的光学带隙值分别为 4. 67eV、4. 61eV 和 4. 61eV，而飞秒激光曝光后样品的带隙值分别为 4. 08eV、4. 19eV 和 4. 44eV。可以发现，飞秒激光曝光后所有 PTR 样品的光学带隙值均减小，其中 P：Ce，Sb 样品变化最为明显，光学带隙值减小了 0. 59eV。而热处理后样品的带隙值分别为 4. 60eV、4. 52eV 和 4. 61eV，相比于曝光后的样品光学带隙值均统一增大，但仍小于未处理的样品光学带隙值。PTR 样品光学带隙值的变化反映了玻璃内部的微观结构变化，带隙值的减小是因为曝光过程中非桥氧(NBO)的产生而造成的局域态缺陷结构，后续热处理导致的带隙值增加则是由色心的漂白特性造成的。

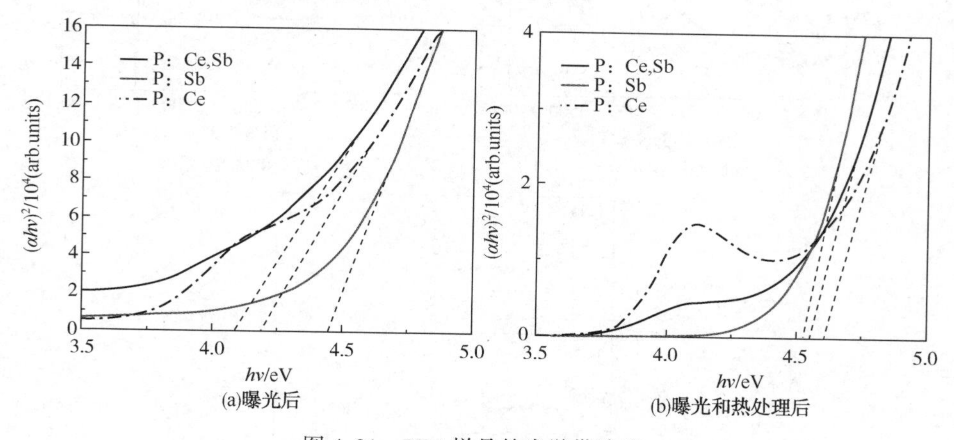

(a)曝光后　(b)曝光和热处理后

图 4. 21　PTR 样品的光学带隙图

为了进一步获得这些掺杂剂在非线性光热敏过程中的具体结构信息，将初始样品、仅曝光后及经过曝光和热处理后的不同掺杂 PTR 样品研磨至粉末状，称量相同质量的粉末分别放置于石英管中进行 EPR 测试，结果如图 4. 22 所示。从图中可以看出，未经曝光的 P：Ce，Sb 样品中存在一个明显的信号峰，其磁场强度约为 1580G，对应 g 因子约为 4. 27。同时，在 3362G(g=2. 03)附近存在一个弱信号峰。这两个信号峰都可以归因于在玻璃制备过程中引入的杂质离子 Fe^{3+}[115]。飞秒激光曝光使 P：Ce，Sb 样品的 EPR 光谱发生了明显变化，在 3121G(g=2. 16)处出现了一个微弱的信号峰，同时在 3360G(g=2. 007)处出现了一个强信号峰。其中，g=2. 16 处为 Ag^0 和 Ag_{2+} 的叠加信号，g=2. 007 处则为 Si-E′缺陷的特征峰。热处理后这两种信号几乎消失。对于 P：Sb 样品，未处理前具有较强的 Fe^{3+} 信号峰，曝光后样品的 Si-E′信号峰相对较弱，热处理后样品内仍

然可以检测到 Fe^{3+} 的强信号峰。对于 P：Ce 样品，曝光前 Fe^{3+} 信号峰较弱，曝光后样品内的 Si-E′缺陷信号较为明显，热处理后几乎检测不到信号的存在。

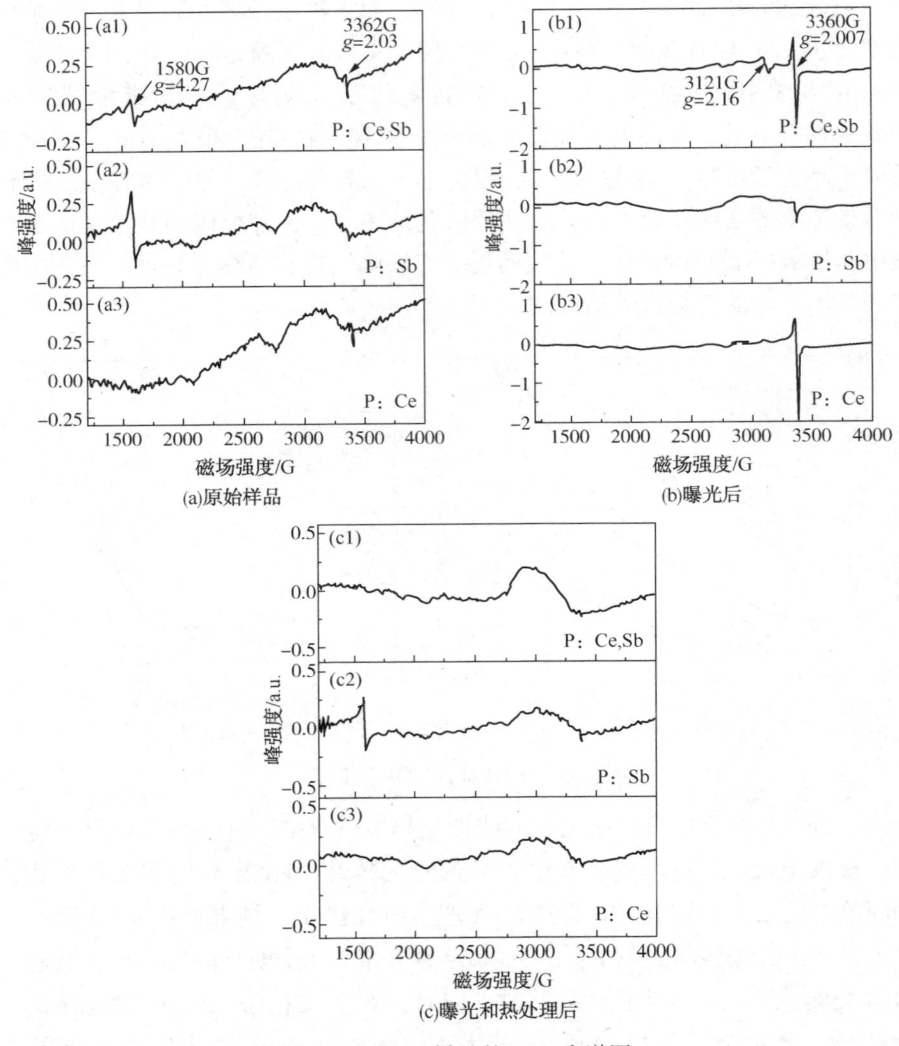

图 4.22　PTR 样品的 EPR 光谱图

通过对比分析不同样品之间的 EPR 光谱，可以发现未经曝光的 PTR 样品 Fe^{3+} 特征峰强度随机变化，这是因为在玻璃制备过程中杂质离子的含量是无法控制的。虽然 Fe^{3+} 在 PTR 玻璃内作为杂质时含量很低，但研究证实 Fe^{3+} 在紫外曝光条件下同样可以作为电子受体参与线性光敏过程。飞秒激光曝光后掺杂 Ce 的 PTR 样品缺陷信号峰明显增强，这说明 CeO_2 可以促进曝光过程中 PTR 玻璃内部缺陷的生成。Ag^0和Ag^{2+}的叠加信号只存在于P：Ce，Sb样品中，说明该样品中Ag^+转变为Ag^0的数量较多。飞秒激光曝光过程中产生的自由电子可以直接被Ag^+俘获，同时也可以被Ce^{4+}、Sb^{5+}和Sn^{4+}俘获。对于紫外曝光，PTR中的电子只有当温度达到几百摄氏度时才会大量转移给Ag^+。然而超快激光脉冲在辐照过程中瞬时可以产生高达几千摄氏度的高温，足以直接将电子从$[Ce^{4+}]e^-$、$(Sb^{5+})^-$和$(Sn^{4+})^-$转移给更多的Ag^+。该结果与图4.20(a)中的吸收光谱吻合。进一步的热处理会导致部分不稳定的色心被漂白，所以Si-E′缺陷信号消失。从EPR结果中还可以发现Fe^{3+}信号峰有轻微变化，可以推测Fe^{3+}可能也参与了电子转移过程。因此，PTR玻璃在飞秒贝塞尔激光辐照下，电子的产生及转移过程与这些多价离子有关。

基于以上分析结果，构建了一个更完善的机理模型来描述常规PTR玻璃中的非线性光热诱导结晶过程，如图4.23所示。在第一阶段，超短激光贝塞尔光束可诱导PTR玻璃基质发生非线性效应，从而产生大量的自由电子-空穴对。需要指出的是，Ce^{3+}同时可以通过多光子吸收的方式释放电子。光诱导产生的电子可以同时被Ag^+、Ce^{4+}、Sb^{5+}、Sn^{4+}和Fe^{3+}俘获，生成的$[Ce^{4+}]e^-$、$(Sb^{5+})^-$、$(Sn^{4+})^-$、$(Fe^{3+})^-$在该阶段又可以将电子转移到Ag^+上。从吸收光谱和EPR光谱可以看出，CeO_2和Sb_2O_3主导了电子的转移过程。第二阶段(加热Ⅰ)下的高温促进了银纳米颗粒的生成，进一步升温加热(加热Ⅱ)则促使NaF晶体在成核中心开始生长。

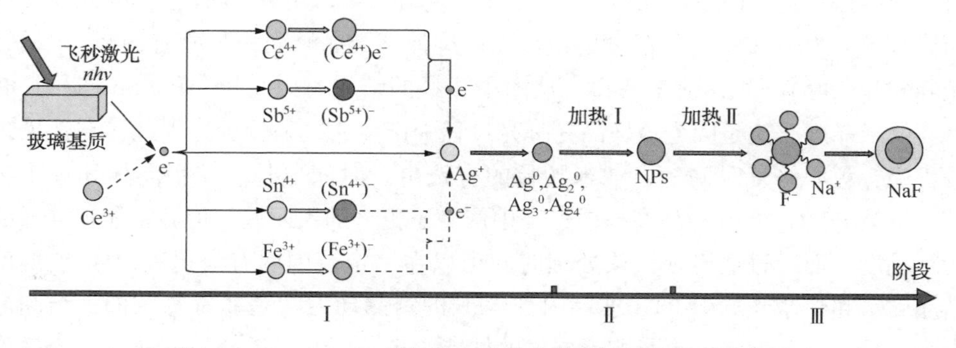

图4.23　P：Ce，Sb样品的非线性光热诱导结晶机理示意图

4.5.3　CeO_2和Sb_2O_3对非线性光热敏结晶过程的影响

飞秒激光曝光和热处理后PTR样品的XRD表征结果如图4.24所示。未经曝光的玻璃样品都呈现出非晶状态。飞秒激光曝光和热处理后，所有样品均呈现出明显的晶体结构。$2\theta=45.15°$、$66.11°$和$83.75°$处的三个晶体衍射峰分别归属于

立方形 Fm-3m 晶体结构的 NaF 晶相所对应的(200)、(220)和(222)面衍射。结果表明，无论 CeO_2或 Sb_2O_3掺杂与否，PTR 玻璃内都可以产生 NaF 晶体。

根据 Scherrer 公式，可以计算出晶体的平均粒径大小，表达式为：

$$D=\frac{K\lambda}{(FWHM)\cdot\cos\theta} \tag{4.2}$$

式中，K 为 Scherrer 常数；λ 为 X 射线波长；$FWHM$ 为衍射峰的半高宽；θ 为衍射角。

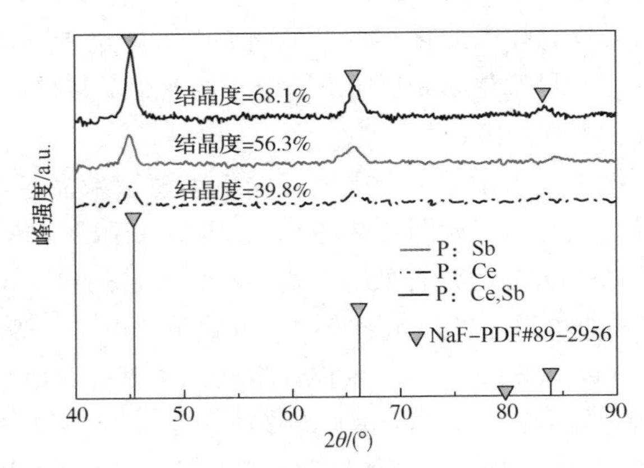

图 4.24　飞秒激光曝光和热处理后 PTR 样品的 XRD 图谱

从式(4.2)中可以看出，在衍射峰角度一致的情况下，粒径大小主要取决于衍射峰的半高宽，由于不同样品间相同衍射峰的半高宽度差异较小，因此样品内晶体直径为 10~12nm。结晶度的值可以通过计算结晶峰面积与所有的峰(包括结晶峰和非晶峰)面积比值来获得。从图中注释的结果可以看出，P：Sb 样品具有更高的结晶度，这是因为该样品在曝光过程中产生的缺陷较少。因此，在热处理过程中，色心修复时间短，纳米颗粒的有效生长时间更长。在相同热处理工艺下，虽然 P：Ce，Sb 样品在辐照过程中产生了更多的银团簇，但并不能提高样品的结晶度，而通过适当延长热处理时间可以在一定范围内有效提高 PTR 玻璃的结晶度。超快激光场下 PTR 玻璃内部 NaF 的结晶动力学是非常复杂的，结晶的大小、分布及密度都严重影响着器件的性能指标。因此，系统研究非线性光敏作用下的 PTR 玻璃的结晶机理是非常有必要的，这也是我们下一步的研究方向。

综上所述，不含 CeO_2的样品在曝光过程中产生的缺陷相对较少，在后续热处理结晶过程中更具优势和代表性。前文已经讨论了常规 PTR 玻璃在激光参数调控下其纳米晶体的生长规律，为了进一步研究不掺杂 CeO_2在 PTR 玻璃非线性光热敏结晶过程中产生的影响，对样品 P：Sb 在不同脉冲能量下的吸收光谱及

XRD 谱进行了分析。

固定脉冲宽度为 220fs，测试了不同单脉冲能量（1μJ、2μJ、4μJ、6μJ）下 P：Sb 样品的透过率光谱，如图 4.25(a) 所示。随着脉冲能量的增加，样品在 300～500nm 波长范围内透过率逐渐下降，当脉冲能量为 2μJ 时，透过率下降明显；当入射激光单脉冲能量超过 4μJ 时，透过率下降变得缓慢；当脉冲能量为 6μJ 时，透过率达到最低。脉冲能量进一步增大，会出现透过率增加的现象，这是因为过高的峰值功率会破坏银团簇结构，从而降低了材料对光的吸收，表现为透过率增高。热处理后的样品相对于曝光后的样品，其透过率明显增高，当脉冲能量超过 2μJ 时，样品在 435nm 处透过率才表现出明显下降，如图 4.25(b) 所示。相应的吸收光谱如图 4.25(c) 和图 4.25(d) 所示，飞秒激光曝光导致样品产生了色心及部分银团簇。从热处理后的吸收光谱可以看出，该样品产生的色心稳定性较低，因此在退火过程中容易被修复，从而使透过率得到大幅度提高；同时，银团簇得到充分生长，表现出银纳米颗粒的等离子体共振吸收。

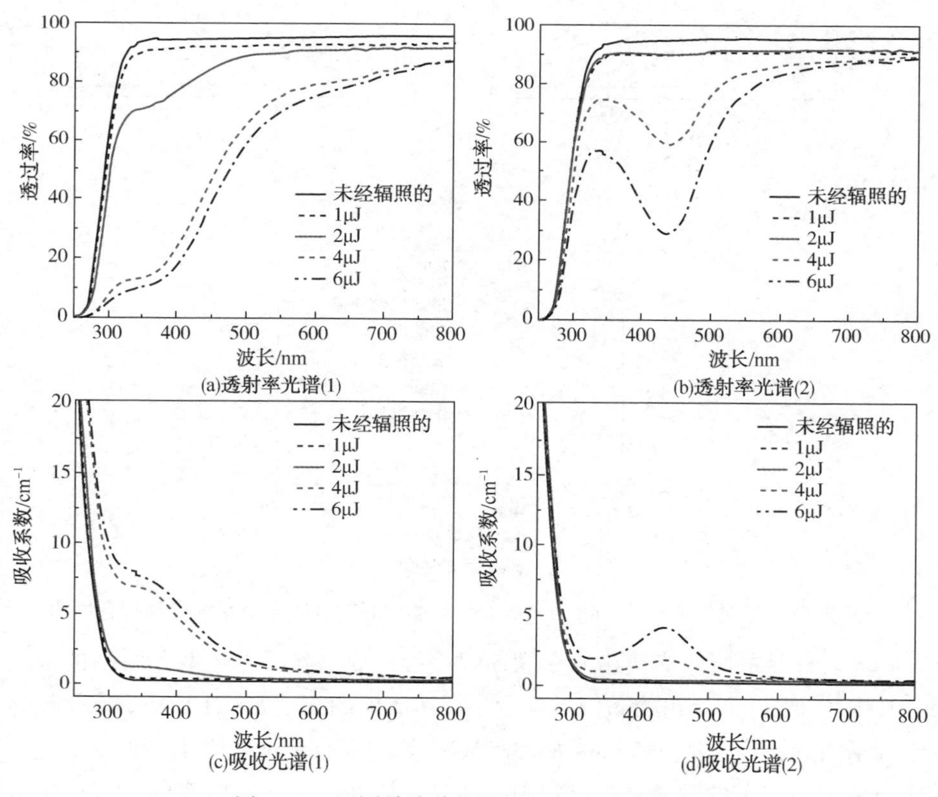

图 4.25　不同单脉冲能量下 P：Sb 玻璃样品

为了进一步研究 P：Sb 样品在激光曝光和热处理过程中内部结构缺陷的变化情况，对飞秒激光脉冲能量为 6μJ 时的吸收光谱进行了高斯分峰拟合，结果如图 4.26 所示。与常规 PTR 玻璃相比，未处理的 P：Sb 样品吸收光谱的紫外吸收截止波长较短，这是因为样品中不存在吸收位于紫外光及可见光波段的 Ce^{3+}。高斯分峰拟合结果表明，未处理样品的吸收光谱由 2 个高斯峰叠加而成。其中位于 $\lambda=213$nm（$E=5.83$eV）的吸收峰可归因于缺陷 E′，位于 $\lambda=243$nm（$E=5.11$eV）的吸收峰可归因于氧空位中心［ODC（Ⅱ）］。这两种缺陷均产生于样品的制备过程，属于材料的本征缺陷。

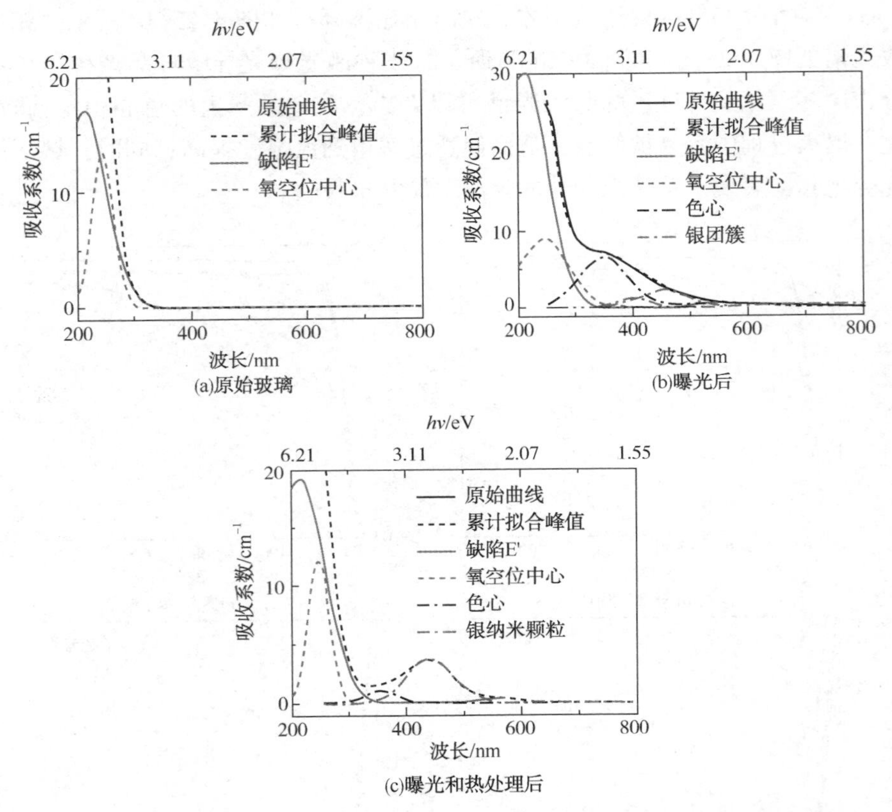

图 4.26　当单脉冲能量为 6μJ 时，P：Sb 玻璃样品的吸收光谱高斯分峰拟合图谱

曝光后样品的吸收光谱由 6 个高斯峰叠加而成。除了上述两种缺陷的吸收峰外，其中位于波长 $\lambda=400$nm（$E=3.11$eV）和 $\lambda=450$nm（$E=2.76$eV）的吸收峰源于银分子团簇，位于 $\lambda=350$nm（$E=3.55$eV）处的吸收带可归因于多种本征色心吸收峰的叠加。在飞秒激光曝光过程中，样品基质通过非线性电离的方式产生大量

自由电子，其中部分电子会被 Ag^+ 俘获形成 Ag^0，在超快激光作用下产生的高温场会促进银分子团簇的形成。同时在激光辐照过程中，ODC(Ⅱ)、E′等色心缺陷会发生相互转化。从图中可以看出，E′色心含量明显增多，这一现象主要由两种原因导致。首先，大部分曝光诱导的E′色心是由ODC(Ⅱ)在曝光过程中捕获空穴而形成的，所以吸收光谱中ODC(Ⅱ)含量减少，E′色心增多。其次，少部分曝光诱导的E′色心则是由于疲劳的桥氧键(Si－O－Si)发生断裂从而产生了NBOHCs和E′色心缺陷对。热处理后的吸收光谱由5个高斯峰叠加而成，其中位于波长 $\lambda=436$nm($E=2.85$eV)的吸收峰为银纳米颗粒的SPR吸收峰。同时，部分色心转换，含量发生明显变化；还有部分色心被修复，可以观察到位于 $\lambda=350$nm处的色心叠加吸收峰明显减小。

为了定量分析E′和ODC(Ⅱ)缺陷、色心叠加吸收峰以及银纳米颗粒吸收峰随激光脉冲能量的变化规律，图4.27给出了P：Sb样品在不同单脉冲能量下曝光和热处理后吸收光谱的高斯分峰拟合结果。从图中可以看出，E′和ODC(Ⅱ)缺陷的含量随着脉冲能量的变化趋势完全不同。E′色心随着脉冲能量的增加呈现出先增加后减小的趋势；当脉冲能量在1~4μJ范围内变化时，E′色心含量增加；但当脉冲能量从4μJ增加到6μJ时，其含量开始降低。这是因为当脉冲能量超过拐点后，E′色心结构捕获自由电子生成了[≡Si：Si≡]结构，从而导致E′色心含量减小。ODC(Ⅱ)的含量随着脉冲能量的增加呈现出先减小后增大的趋势：当脉

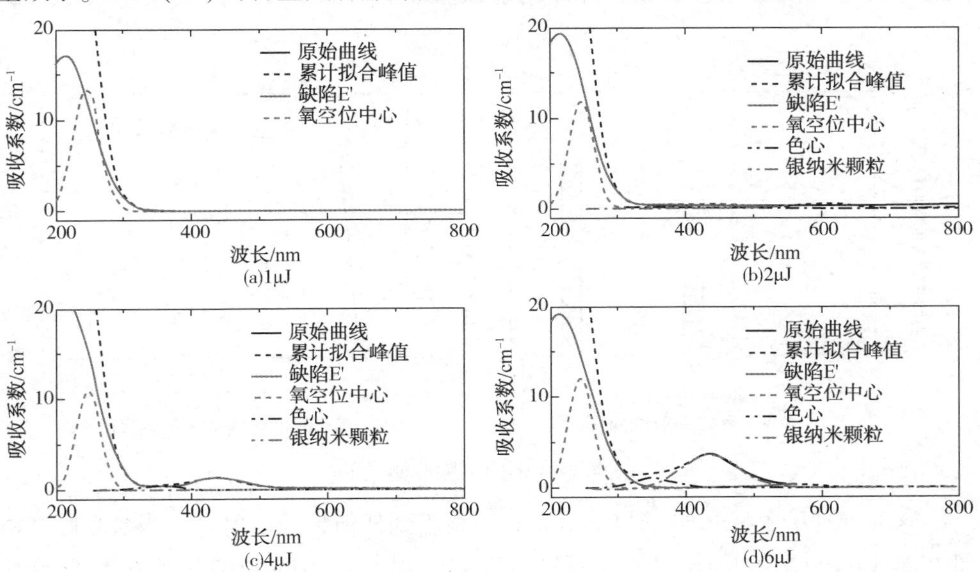

图4.27　不同单脉冲能量下，P：Sb玻璃样品曝光和热处理后吸收光谱的高斯分峰拟合图谱

冲能量在 1~4μJ 范围内时，ODC(Ⅱ)含量减少；但当脉冲能量从 4μJ 增加到 6μJ 时，其含量开始增加，同时脉冲能量的变化对 ODC(Ⅱ)的含量变化范围影响较小，该变化规律与 E′色心含量变化规律相对应。对比这两种缺陷随脉冲含量的变化规律，可以发现 E′色心对激光脉冲能量的变化非常敏感，且在样品中含量较高。

色心叠加吸收峰和银纳米颗粒的吸收峰随脉冲能量的增加而增大。这是因为非线性光电离产生的光电子数目随脉冲能量的增加而增加，从而被更多的 Ag^{+}俘获形成 Ag^{0}，同时也产生了更多的色心。当脉冲能量在 1~4μJ 范围内时，色心叠加吸收峰几乎消失。这与常规 PTR 玻璃中的现象完全不同，并且与样品呈现的颜色变化规律一致，进一步证明了 Ce 离子在超快激光曝光 PTR 玻璃过程中参与了电子的生成及转移过程，有效提高了 PTR 样品对近红外飞秒激光的非线性吸收。

图 4.28(a)为不同单脉冲能量下银纳米颗粒的吸收峰面积变化。从图中可以看出，银纳米颗粒的浓度随着脉冲能量的增加而增加，这与常规 PTR 玻璃的变化相一致。利用 Mie-Drude 理论计算公式得到了银纳米颗粒的直径与写入激光脉冲能量之间的变化关系，如图 4.28(b)所示。从图中可以看出，当脉冲能量在 2~6μJ 范围内变化时，纳米颗粒直径几乎保持不变，其值约为 2.8nm。产生该现象的原因为，在曝光过程中，样品的非线性电离率较低，从而导致产生的 Ag^{0} 较少。

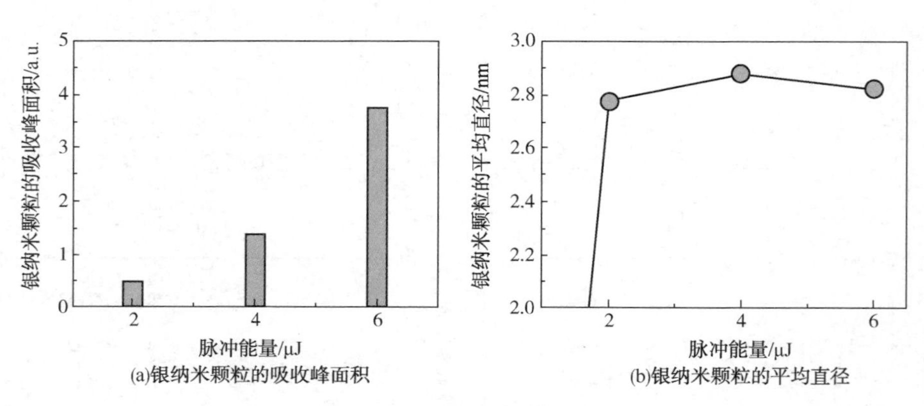

(a)银纳米颗粒的吸收峰面积　(b)银纳米颗粒的平均直径

图 4.28　不同单脉冲能量下

未经处理的 P：Sb 玻璃呈非晶态，观察不到任何特征衍射峰。当激光脉冲能量在 2~6μJ 范围内，样品经过飞秒激光曝光和热处理后的 XRD 图谱如图 4.29 所示。从图中可以看出，样品呈现出明显的晶体结构，其中衍射峰 $2\theta=45.15°$、

66.11°和83.75°分别对应于立方形Fm-3m晶体结构的NaF晶相(ICSD 89-2956)的(200)、(220)和(222)面衍射。当激光脉冲能量为2μJ时，衍射峰$2\theta=26.78°$为斜方晶系的低温鳞石英(α-鳞石英)晶相(ICSD 85-0419)的(111)面衍射。当激光脉冲能量为4μJ和6μJ时，衍射峰$2\theta=31.90°$为六方晶系的低温石英(α-石英)晶相(ICSD 85-0459)的(011)面衍射，$2\theta=35.50°$处的衍射峰对应四方晶系的斯石英晶相(ICSD 88-2483)的(110)面衍射。α-鳞石英、α-石英及斯石英成分均为SiO_2，都属于石英族同质多相变体。SiO_2在高温高压条件下具有丰富的物相，并可在一定条件下发生相变。在超快激光曝光过程中，连续的脉冲积累可以引发P：Sb玻璃基体内的孵化效应从而产生高温高压条件，使非晶态熔融石英向结晶石英转变，并且随着单脉冲能量的增加，结晶石英的晶相会从低温向高温更稳定的晶相转变。在这三种石英晶相中，α-鳞石英在较低的温度下可以获得，而α-石英及斯石英则需要在更高的高温高压条件下才能转变，尤其是斯石英。

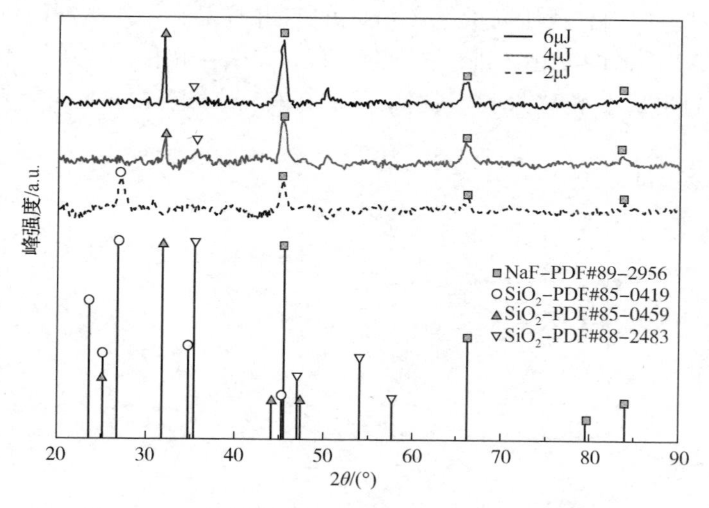

图4.29 不同单脉冲能量下P：Sb样品的XRD图谱

4.6 本章小结

本章通过分析PTR玻璃在飞秒激光曝光和热处理过程中透射光谱和吸收光谱的变化规律，研究了非线性光化学过程和含银纳米晶体的演化过程。利用XRD验证了飞秒激光曝光和热处理后样品焦场内部生成的纳米结晶颗粒为NaF

晶体，同时采用 TEM 表征了纳米晶体的平均粒径为 5nm 左右，小于衍射极限。此外，利用吸收光谱表征了脉冲能量和脉冲宽度对光化学反应的影响。实验结果表明，银纳米颗粒的浓度和尺寸与光电子数目有关；电子数目随脉冲能量的增加而增加，随脉冲宽度的增加而减小；银纳米颗粒的浓度变化趋势与电子相同。

在此基础上，研究了 CeO_2 和 Sb_2O_3 对基于超快激光曝光 PTR 玻璃诱导的非线性光热敏结晶过程的影响。在材料中掺杂少量的 CeO_2 会导致在激光曝光过程中产生更多的缺陷从而导致折射率增加；同时，掺杂 CeO_2 和 Sb_2O_3 可以产生更多的银原子和银团簇，表明了在飞秒激光曝光 PTR 玻璃产生的非线性光敏过程中，铈离子和锑离子同时参与了电子的产生及迁移过程。利用 XRD 验证了无论是否掺杂 CeO_2 或 Sb_2O_3，PTR 玻璃在超快激光曝光及热处理后均能在其焦场内部生成 NaF 纳米结晶颗粒，晶体平均粒径为 10~12nm。同时，在相同的退火条件下，不含 CeO_2 的 PTR 样品具有较高的结晶度，这说明大量的银团簇并不是获得高结晶度的前提条件。此外，还研究了不含 CeO_2 的 PTR 样品在不同脉冲能量下透过率、吸收光谱及 XRD 谱的变化，进一步证明了 Ce 离子在超快激光曝光 PTR 玻璃中参与了电子的生成及转移过程，提高了 PTR 样品对近红外飞秒激光的非线性吸收。

第5章

超快激光制备PTR玻璃基体布拉格光栅研究

5.1 引　　言

PTR 玻璃由于具有特殊的光敏和热敏特性，使得该玻璃经过紫外曝光和后期热处理可商业化制备高衍射效率的体衍射光学元件。同时，随着超快激光的不断发展，利用聚焦超快激光所具备的一些极端物理条件以及超快激光诱导材料所产生的非线性效应等特性，可在样品内部空间选择性地制备三维结构光子器件。本章利用超快激光替代传统紫外光在 PTR 玻璃内部制备透射式体布拉格光栅。超快激光聚焦于 PTR 玻璃内部可诱导玻璃网络结构发生损伤，产生大量点缺陷，并且由超快激光非线性电离释放的电子可以被银离子俘获而生成银原子。在后期热处理时，氟化物以缺陷和银核为生长点生成纳米晶体颗粒，从而调制 PTR 玻璃曝光区内的折射率，空间选择性地制备周期性或非周期性体布拉格光栅。

5.2 体布拉格光栅理论分析

体布拉格光栅是指在全息记录材料中写入能够调制入射光振幅或相位，或者可以同时调制振幅和相位的周期性空间调制光学器件。全息记录材料包括卤化银感光材料、重铬酸盐明胶、光致聚合物及光折变晶体等，这些材料由于诸多固有缺陷，无法满足高功率激光的应用需求。作为一种新型光敏材料，PTR 玻璃拥有较好的光敏性和较高的损伤阈值，使得该玻璃成为目前最有效的体布拉格光栅记录材料。该玻璃可以用于制备高衍射效率的全息器件，如反射式体布拉格光栅（Reflection Volume Bragg Grating，RVBG）、透射式体布拉格光栅（Transmission Volume Bragg Grating，TVBG）以及啁啾体布拉格光栅（Chirped Volume Bragg Grating，CVBG）。这些体布拉格光栅（Volume Bragg Grating，VBG）的衍射效率高达 95%，且具有很好的热、光以及机械稳定性。RVBG 是一种具有反射型几何结构的体布拉格光栅，衍射光束穿过光栅表面反射至入射光束。这种几何结构的一个显著特点是入射光束的回复反射。根据 RVBG 衍射率的不同可分为以下几种常见器件：（1）布拉格反射镜——用于内腔式激光器模式选择，可对激光照射进行光谱和温度方面的控制；（2）布拉格陷波滤光片——用于超低波数拉曼光谱的窄线宽陷波滤光片，该元件可以在不影响其他波长通过的前提下选择性地反射窄带宽光束；(3)布拉格合束器——用于将多个光源合为一束高亮度激光的RVBG。TVBG是一种具有透射型几何结构的体布拉格光栅，衍射光束穿过光栅透射出后表面。根据TVBG元件的特性可分为以下几种常见器件：(1)布拉格角度放大器——能够进行角度选择与线宽压窄的TVBG，可应用于宽角度光束转向系统、角度放大系统、光束采样和窄线宽光谱选择等领域；(2)布拉格合束器——可对多光源激光进行频谱组束，其间波长相抵形成单束接近衍射极限的光束，提高光束能量。CVBG是一种光栅周期沿光束传播方向逐渐变化的反射式体布拉格光栅，可使不同入射波长激光在光栅内部的不同平面进行反射。CVBG常被用于进行超短激光脉冲(ps/fs)的展宽和压缩。由此可见，体布拉格光栅在光谱和光学器件等领域都具有广泛的应用。布拉格体光栅示意图如图5.1所示。

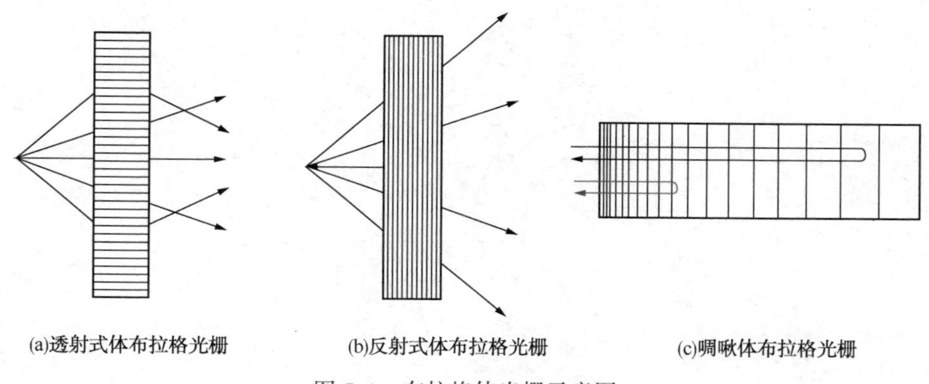

图5.1　布拉格体光栅示意图

体布拉格光栅最为基础、完善且最常用的理论描述为1969年Kogelnik提出的耦合波理论。以该理论为基础还衍生了许多其他理论：严格耦合波分析和光束-传播法。但是，Kogelnik理论仍旧被广泛用于描述体布拉格光栅模型。Kogelnik耦合波理论主要根据亥姆霍兹方程，利用全息记录材料中的光学和电学常量，求解衍射光波和参考光波耦合微分方程组，从而得出衍射波和透射波的复振幅以及衍射效率的解析表达式，最后根据不同的归一化边界条件定量推导出不同类型、不同条件下的体布拉格光栅衍射效率方程。

根据Kogelnik耦合波理论，体布拉格光栅内部的光场可以表示为：

$$E=R(z)e^{-i\rho r}+S(z)e^{-i\delta r} \tag{5.1}$$

式中，$R(z)$和$S(z)$分别为入射的“参考”光波R和出射的“信号”光波S的复振幅；$\boldsymbol{\rho}$ 和 $\boldsymbol{\delta}$ 分别为对应的入射波矢和衍射波矢，它们与光栅矢量 $\boldsymbol{K}$ 满足动量守恒的关系，即：$\boldsymbol{\delta}=\boldsymbol{\rho}-\boldsymbol{K}$，如图 5.2 所示。三个矢量可分别表示为：

$$\boldsymbol{\rho}=\begin{pmatrix}\rho_x\\0\\\rho_z\end{pmatrix}=\beta\begin{pmatrix}\sin\theta\\0\\\cos\theta\end{pmatrix};\ \boldsymbol{\delta}=\begin{pmatrix}\delta_x\\0\\\delta_z\end{pmatrix};\ \boldsymbol{K}=K\begin{pmatrix}\sin\Phi\\0\\\cos\Phi\end{pmatrix} \tag{5.2}$$

式中，θ 为入射角；Φ 为光栅矢量的倾斜角。当同时满足动量守恒及能量守恒时，布拉格条件如下：

$$\cos(\Phi-\theta)=\frac{K}{2\beta}=\frac{\lambda_0 f}{2n} \tag{5.3}$$

式中，β 为平均传播常数；f 为光栅的空间频率；n 为平均折射率。

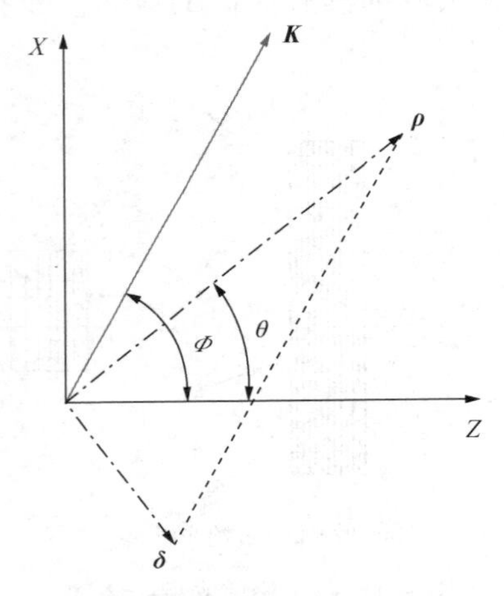

图 5.2　衍射波矢与入射波矢和光栅矢量的关系

根据上述公式可以看出，对于给定的体布拉格光栅，当入射波长 λ_0 一定时，只存在一个入射角 θ 可满足以上的布拉格条件。

耦合波方程组是分析体布拉格光栅衍射过程的基础，光栅中耦合波方程组可表示为：

$$\begin{cases}C_R R'+\alpha R=-j\kappa S\\C_S S'+(\alpha+j\vartheta)S=-j\kappa R\end{cases} \tag{5.4}$$

式中，倾斜因子 $C_R=\rho_Z/\beta=\cos\theta$，$C_S=\delta_Z/\beta=\cos\theta-K\cos\phi/\beta$；$\alpha$ 为平均吸收常数；κ 为耦合常数；ϑ 为耦移相因子。方程组的一般解形式如下：

$$\begin{cases}R(z)=r_1\exp(\gamma_1 z)+r_2\exp(\gamma_2 z)\\S(z)=s_1\exp(\gamma_1 z)+s_2\exp(\gamma_2 z)\end{cases} \tag{5.5}$$

对于透射式体布拉格光栅，其边界条件为：$R(0)=1$，$S(0)=0$，因此利用边界条件得到光栅衍射效率 η，可表示为：

$$\eta_{\mathrm{TBG}}=\frac{|C_{\mathrm{S}}|}{C_{\mathrm{R}}}S(t)S^{*}(t) \tag{5.6}$$

当光栅倾角 $\Phi=\pi/2$ 时，衍射效率表达式为：

$$\eta_{\mathrm{TBG}}=\frac{\sin^{2}\left(\xi^{2}+\Psi^{2}\right)^{1/2}}{1+\xi^{2}/\Psi^{2}} \tag{5.7}$$

式中，Ψ 为相位侵入因子，大小由光栅的厚度 t、折射率调制量 δn 等参数决定，是影响光栅衍射效率的重要参数，表达式为：

$$\Psi=\frac{\pi t\delta n}{\lambda_{0}F} \tag{5.8}$$

式中，$F=\sqrt{1-\left(\frac{\lambda_{0}f}{2n}\right)^{2}}$（光栅倾斜因子）。而相位失配因子 ξ 用来表示布拉格角或布拉格波长的偏离，可表示为：

$$\xi=-\pi tf\left(\Delta\theta-\frac{f\Delta\lambda}{2nF}\right) \tag{5.9}$$

当 $\xi=0$，即完全满足布拉格条件时，式(5.7)可简化为：

$$\eta_{\mathrm{TBG}}=\sin^{2}\left(\frac{\pi t\delta n}{\lambda_{0}\left[1-\left(\frac{\lambda_{0}f}{2n}\right)^{2}\right]^{1/2}}\right) \tag{5.10}$$

从公式中可以看出，当 $\Psi=\pi/2+n\pi$（n 取整数）时，光栅衍射效率可高达100%。由式(5.8)可知，当 $\Psi=\pi/2$ 时，光栅厚度存在一个最小值。由于光栅厚度的增加会提高曝光均匀性的难度，因此一般高效率的透射式体布拉格光栅都工作在 $\Psi=\pi/2$，$\xi=0$ 附近。

另外，值得注意的是，以上理论只适用于体布拉格光栅，可通过引入一个参量 Q 来判定光栅是否为体光栅：

$$Q=\frac{2\pi\lambda d}{n\Lambda^{2}} \tag{5.11}$$

当 Q 大于10时，基于耦合波理论对体布拉格光栅做的假设和推断才是近似成立的。

5.3 紫外双光束干涉

根据体布拉格光栅衍射公式可以看出，体布拉格光栅的突出特点是：具有较好的角度和波长选择性，并且只有当入射光束满足布拉格条件时才具有较高的衍射效率。同时，体布拉格光栅的衍射效率与光栅周期、光栅厚度、折射率调制量都密切相关。近年来，运用紫外曝光和后期热处理可以使 PTR 玻璃曝光区内的多种特殊元素成分发生改变，从而永久改变 PTR 玻璃的折射率。采用体全息曝光方法制备高质量体布拉格光栅成为当下的热点课题。

图 5.3 所示为利用紫外光分波面双光束干涉法在 PTR 玻璃中制备光栅的光路示意图。首先，将波长为 325nm 的连续 He-Cd 激光进行扩束，并且利用光阑和空间滤波器获得均匀准直的光束；其次，在光束传输路径中放置与光轴夹角为 θ 的反射镜，将 PTR 玻璃样品放置于透射光与反射光的重叠区域。由于 PTR 玻璃对紫外光具有良好的光敏性，因此照射到 PTR 样品的紫外干涉激光就会被记录在 PTR 玻璃内实现体布拉格光栅的曝光。通过控制反射镜与入射光束的夹角 θ 可以控制体布拉格光栅的周期。该实验方法虽然简单易行且较为成熟，但是利用紫外曝光 PTR 玻璃在本质上完全依赖于 PTR 玻璃对紫外光能量的线性吸收，该线性吸收光子的过程与入射激光的写入光功率无关。也就是说，只要入射光子能量大于材料禁带宽度，入射光就能被样品吸收，然后通过电子与声子或者声子与声子之间的碰撞过程最终以热弛豫的方式释放出来。该能量吸收过程实质上阻止了光子越过样品表面进入内部进行三维加工的过程，所以紫外曝光 PTR 玻璃实质上不具有空间选择性，因此该技术只能应用于一维或二维平面。

超快激光微加工是激光加工领域中的前沿技术，具有热影响小、加工精度高和加工材料广等特点。利用聚焦超快激光可诱导样品内产生非线性光电离，从而克服紫外双光束干涉只能加工规则图案的弱点，在 PTR 玻璃内部可空间选择性地加工出任意图案。

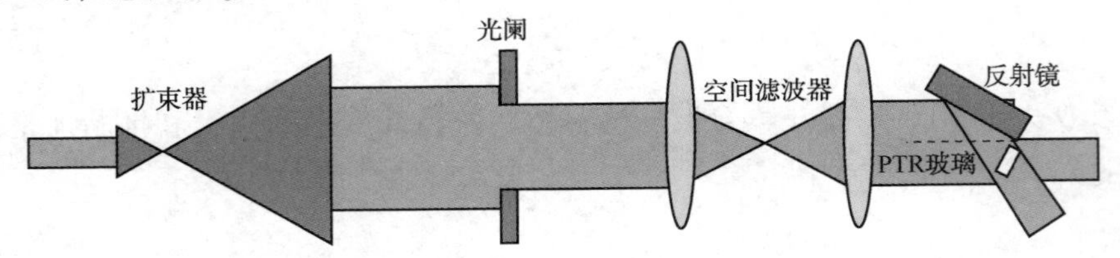

图 5.3　分波面双光束干涉制备透射式体布拉格光栅的光路示意图

5.4　高斯光束直写光栅

5.4.1　系统搭建

本实验采用重复频率为50kHz、中心波长为800nm、脉宽为200fs的钛宝石再生放大器(Phidia, Upteksolutions)实现飞秒激光在PTR玻璃内部的直接刻写技术。PTR玻璃的化学成分为$73SiO_2-11Na_2O-7(ZnO+Al_2O_3)-3(BaO+La_2O_3)-5NaF-1KBr$(mol%)，掺杂成分为$0.02SnO_2-0.08Sb_2O_3-0.01AgNO_3-0.02CeO_2$(mol%)。在制备光栅之前，首先，将PTR玻璃进行六面粗抛光，再逐步换用粒度减小的钻石粉进行精细抛光，使样品获得较高的表面光学等级。抛光后的样品尺寸为20mm×10mm×2mm；其次，将加工好的样品固定在计算机控制的*XYZ*三维精密位移平台上；最后，利用20×数值孔径为0.42的聚焦物镜将飞秒激光聚焦于PTR玻璃面下150μm处，通过Labview控制计算机三维移动平台的精密运动，实现光栅的精密微加工。本实验中光栅的扫描速度为200μm/s。图5.4表示高斯飞秒激光直写光栅的实验装置示意图。

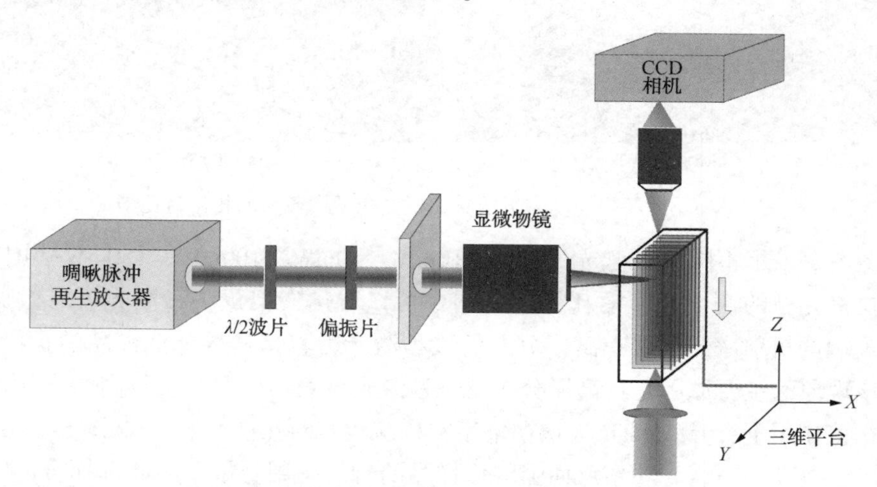

图5.4　高斯飞秒激光直写光栅的实验装置示意图

5.4.2　激光写入参数对光栅衍射效率的影响

图5.5表示利用飞秒激光直写技术在PTR玻璃面下150μm处刻写的布拉格光栅横截面处的相位对比显微镜图。从图中可以看出，在一定范围内，随着激光

写入光功率的不断增加，飞秒激光在 PTR 玻璃内部诱导的成丝长度逐渐增加。当写入光功率为 10mW 时，高斯光束的成丝长度仅为 5μm；当写入光功率为 50mW 时，高斯光束的成丝长度约为 26μm；当写入光功率增加到 100mW 时，高斯光束在 PTR 玻璃中的拉丝长度为 50μm；当写入光功率为 150mW 时，聚焦飞秒激光诱导的多光子吸收效应增强，导致大量的激光能量被消耗，因此在该条件下 PTR 玻璃内部的成丝长度约为 30μm，且成丝均匀性较差。

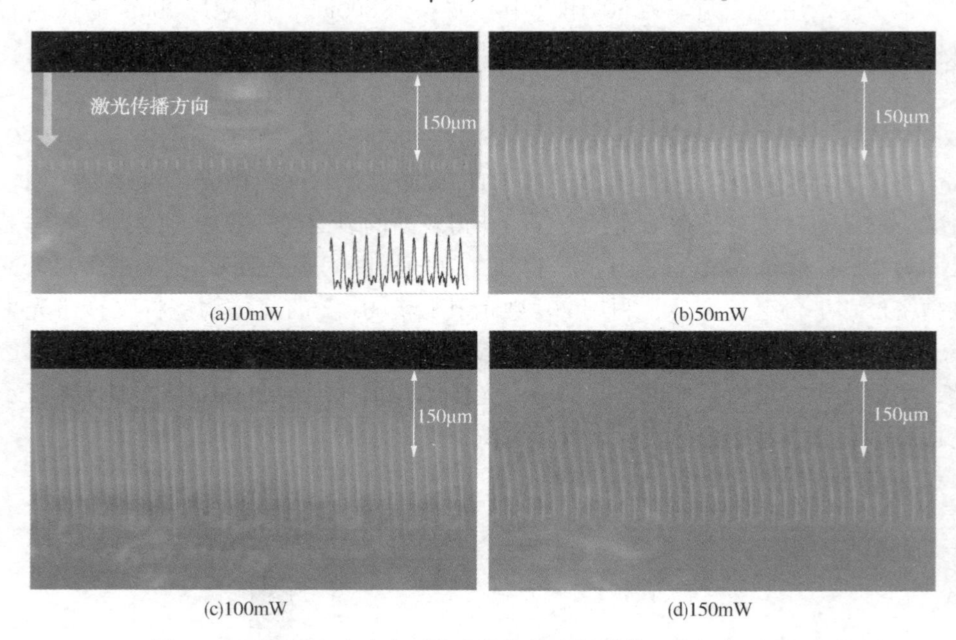

(a)10mW (b)50mW
(c)100mW (d)150mW

图 5. 5　不同写入光功率下的布拉格体光栅横截面的相位对比图

图 5. 6 表示不同飞秒激光光功率(10mW、50mW、100mW、150mW)作用下体布拉格光栅的侧面相位对比图。从图中可以看出，聚焦飞秒激光可有效调制 PTR 玻璃的折射率，且聚焦高斯分布的飞秒激光可直接诱导降低样品的折射率。产生该现象的主要原因是：高斯分布的飞秒激光被聚焦后可产生较高的光功率密度，在该作用下会导致 PTR 玻璃网络结构稀疏化。对比图 5. 6(c)和图 5. 6(d)可以看出，过高的写入光功率反而会降低样品的折射率调制量，因此选择合适的激光写入参数对制备具有高衍射效率的光栅极其重要。

图 5. 7 所示为利用不同写入光功率所制备的布拉格光栅经过后期热处理后所得到的光栅侧面相位对比图。通过对比图 5. 6 和图 5. 7 可知：热处理前后聚焦区域内 PTR 玻璃的折射率都会降低，但是经过后期热处理后曝光区域与非曝光区域的明暗对比度增强。产生该现象的主要原因是，经过热处理工艺后，在飞秒激

光聚焦区域内会生长出大量折射率较低的氟化物纳米结晶颗粒，因此样品的折射率调制量会进一步增大。

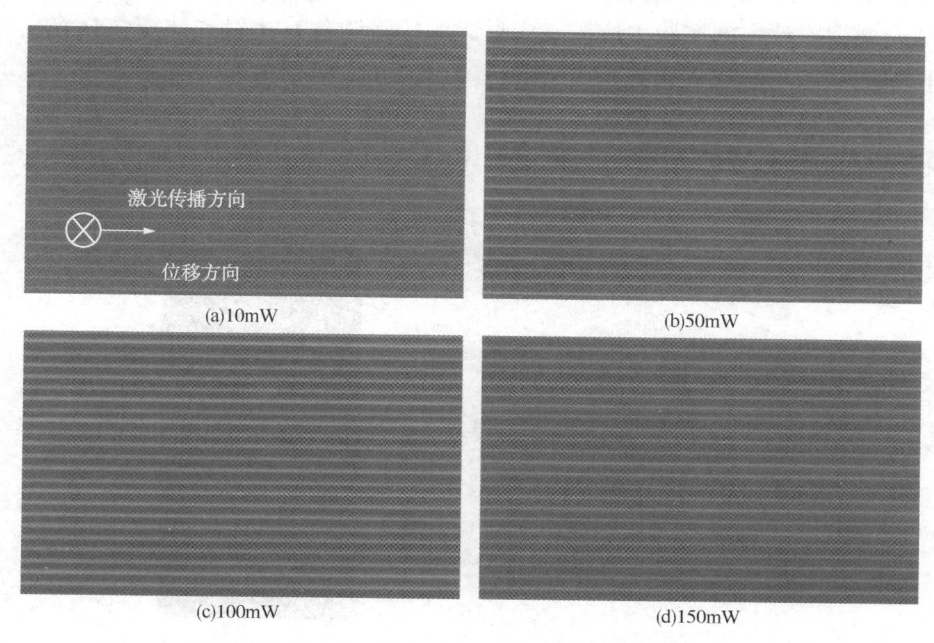

(a)10mW (b)50mW

(c)100mW (d)150mW

图 5.6 不同写入光功率下的高斯直写体布拉格光栅的侧面相位对比图

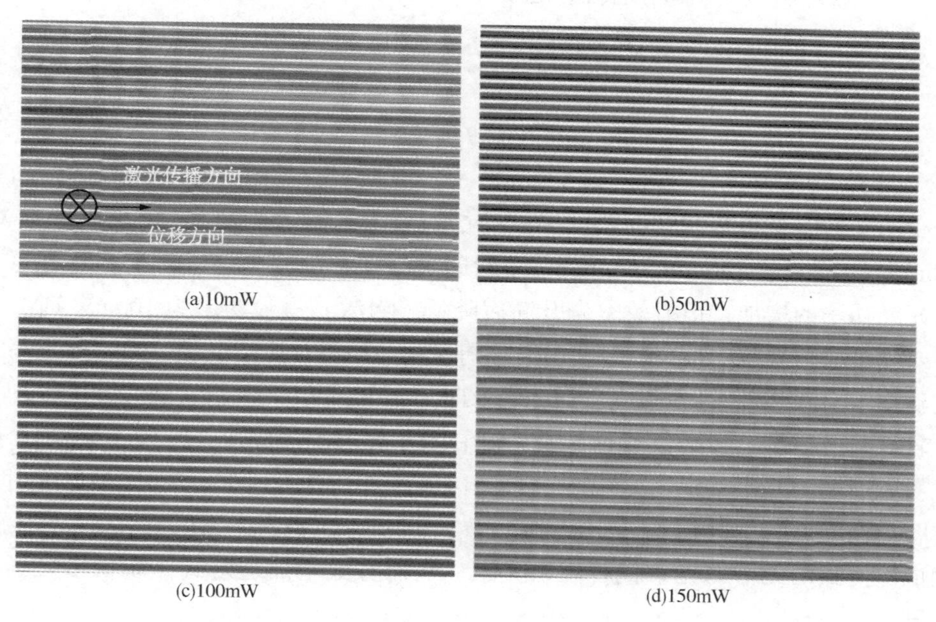

(a)10mW (b)50mW

(c)100mW (d)150mW

图 5.7 不同写入光功率下布拉格体光栅热处理后的侧面相位对比图

图 5. 8 表示当波长为 632nm 的测试光源以布拉格角穿过透射式体布拉格光栅时，部分光束偏离透射位置，产生一级衍射光斑的示意图和衍射光斑图。在测试光栅衍射效率的实验中应固定入射光源，将制备有透射式体布拉格光栅的 PTR 玻璃经抛光后放置于转台上，转动平台直至一级衍射光斑光强最强，此时对应的转动角度就为该光栅的布拉格角。分别使用不同波长的测试光源测试一级和零级衍射光斑的光功率，利用以下公式可以计算出该光栅的相对衍射效率。

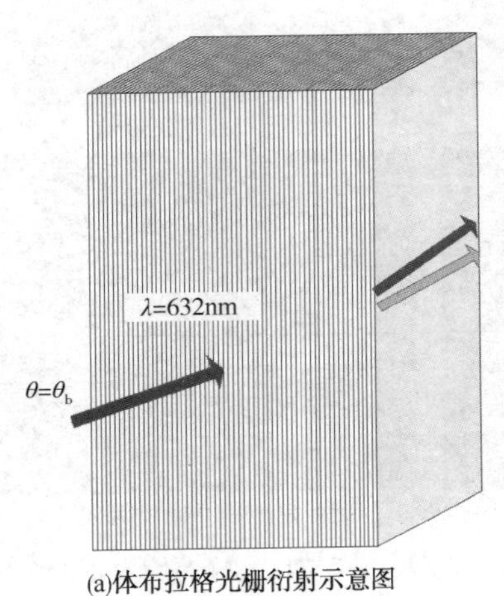

(a)体布拉格光栅衍射示意图

(b)衍射光斑图

图 5. 8　体布拉格光栅衍射示意图及衍射光斑图

$$\eta_{R}=\frac{I_{D}}{I_{D}+I_{T}} \tag{5.12}$$

图 5. 9 表示利用不同波长(532nm、632nm、980nm)的连续激光测试由高斯分布的飞秒激光直接制备而成的光栅的衍射效率与写入光功率(10mW、30mW、50mW、100mW、150mW、200mW)之间的关系图。从图中可以看出，随着写入激光光功率的增加，衍射效率先升高后降低。当激光写入功率为 100mW 时，透射式光栅的衍射效率最高。该实验结果与光栅的相位对比结果相一致，即当写入光功率为 100mW 时，聚焦飞秒激光对 PTR 玻璃的折射率调制量最大且成丝均匀性较好。但是由于高斯分布的飞秒激光在 PTR 玻璃中的成丝长度只有 50μm，因此对于周期为 5μm 的光栅而言，其最高衍射效率只能达到 75. 89%。根据透射式体布拉格光栅的衍射公式(5. 10)可知，如果要进一步提高光栅衍射效率，需要采用成丝更长的无衍射光束代替高斯光束，从而有效增加透射式体布拉格光栅的厚度。

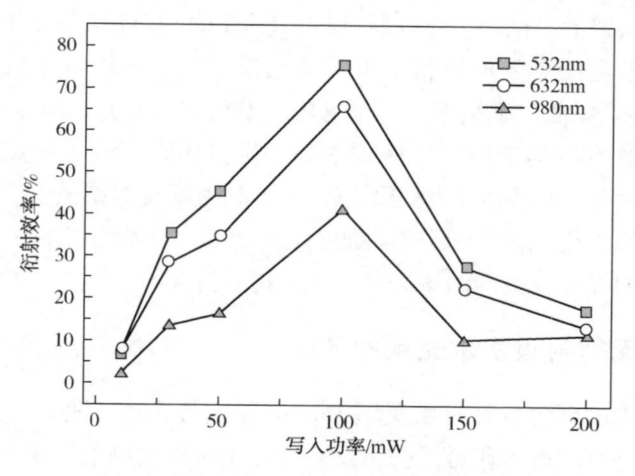

图 5.9　高斯直写布拉格光栅衍射效率图

5.5　零阶贝塞尔光束

根据体布拉格光栅的衍射公式可知，增加光栅厚度对衍射效率起着至关重要的作用。但由于聚焦高斯分布的飞秒激光在样品内部的成丝长度仅为几十微米且均一性差，因此如何通过单次扫描增加光栅厚度成为快速制备高质量体布拉格光栅的首要问题。本小节利用无衍射零阶贝塞尔光束代替高斯光束来增加单次刻写轨迹的成丝长度与均匀性，从而提高体布拉格光栅的衍射效率。

5.5.1　无衍射贝塞尔光束

衍射是一种很常见的光学现象，对所有的常规波场都具有一定的影响。如一束在自由空间内传输的单色准直光束，其瑞利长度 $Z_R = \pi r_0^2/\lambda$，其中 λ 表示光波长，r_0表示光束半径。在通过瑞利长度之后，该光束将发生明显的衍射扩散。理想的无衍射光束是指在垂直于光传输方向上的平面内光场分布保持不变，即光束的强度和尺寸大小不会随着传输距离而产生改变。

1987 年，Durnin 首次提出无衍射光束，其光场分布符合第一类零阶贝塞尔函数的形式，是自由空间标量波动方程的一组特殊解。当该光束在自由空间传输时，光强分布保持不变，且具有光强高度集中、中心光斑小、准直距离长、方向性好及自重建等特性。因此，Durnin 称这类光束为无衍射光束，即该光束在空间传输时不会受衍射而扩散。由于其特殊性，该光束已在光镊、原子引导、准直光学系统、高精度定向等领域取得了重大的成果。产生无衍射光束的方法有许多种，包括环缝-透镜法、轴棱锥法、全息法、谐振腔法和光学衍射元件等。其中，轴棱锥法由于具有结构简单、转换效率高、光损伤阈值高等优点，使用最为广泛。值得注意的是，Durnin 提出的无衍射光束是根据亥姆霍兹方程在无限大孔径的条件下得出的结论，在实际中不可能满足该条件。因此，实际只能得到近似的无衍射光束，即在一定范围内该光束具有无衍射特性。

5.5.2 无衍射贝塞尔光束的产生

贝塞尔光束的概念最早是由美国 Durnin 等人提出的，通过在柱坐标系下对亥姆霍兹方程进行求解，获得了一组具有贝塞尔函数类型的精确解。其中，零阶贝塞尔光束的横向光场振幅分布可以表示为：

$$E(r, \varphi, z)=A_0J_0(k_r r)\exp(ik_z z) \tag{5.13}$$

式中，r，φ，z 分别为径向、角向及纵向坐标分量；A_0为贝塞尔光束在传播方向上电场的强度；J_0为零阶贝塞尔函数；k_r、k_z分别为波矢 $\boldsymbol{k}$($k=\sqrt{k_r^2+k_z^2}$)的横向与纵向分量。因此，贝塞尔光束的横向强度分布正比于贝塞尔函数 $J_0(k_r r)$的平方，且与传播距离无关。同时，由于贝塞尔光束的无衍射特性，中心光斑的强度减弱速度缓慢。对式(5.13)做傅里叶变换，可以将贝塞尔光束沿 z 轴方向的传播看作是无数个平面波的叠加，而这些平面波的波矢分布在以 z 轴为中心的圆锥上。该圆锥的圆锥半角 θ 可以表示为：

$$\theta=\tan^{-1}\left(\frac{k_r}{k_z}\right) \tag{5.14}$$

式中，$k_r=k\sin\theta$，$k_z=k\cos\theta$，如图 5.10(a)所示。图 5.10(b)为零阶贝塞尔光束的横向光强分布，其中心光斑为亮圆，占据了大部分光强。

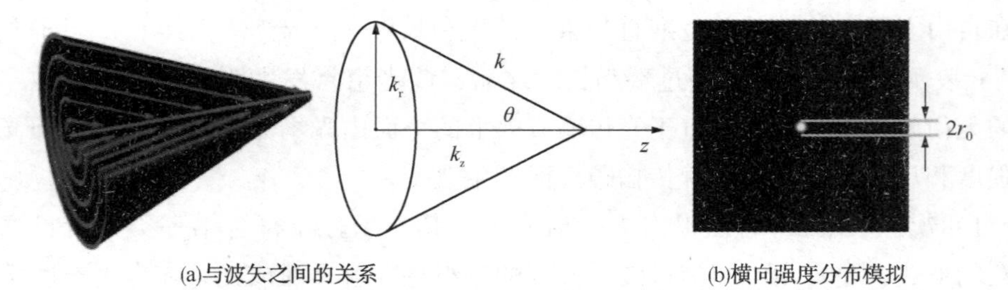

(a)与波矢之间的关系　　(b)横向强度分布模拟

图 5.10　贝塞尔光束

上述的理想贝塞尔光束携带有无穷大的能量，因此不可能在实际中获得。实际产生的贝塞尔光束只能在有限距离内进行无衍射传输。

零阶贝塞尔光束的产生方法较多，常见的主要有以下三种。

（1）环缝法。环缝法，顾名思义是指利用环形狭缝来产生贝塞尔光束的方法，该方法也是第一种成功产生贝塞尔光束的方法。图 5. 11 给出了环缝法产生贝塞尔光束的示意图。平面波由左侧垂直入射到环状狭缝上并发生衍射现象，之后经正透镜进行傅里叶变换即可在透镜后方形成贝塞尔光束。其无衍射传播距离 Z_{max} 与环缝直径 d 和透镜数值孔径有关，具体为 $Z_{max}=Df/d$。尽管这种方法可以产生零阶贝塞尔光束，但能量转化效率极低，难以应用在激光加工领域。

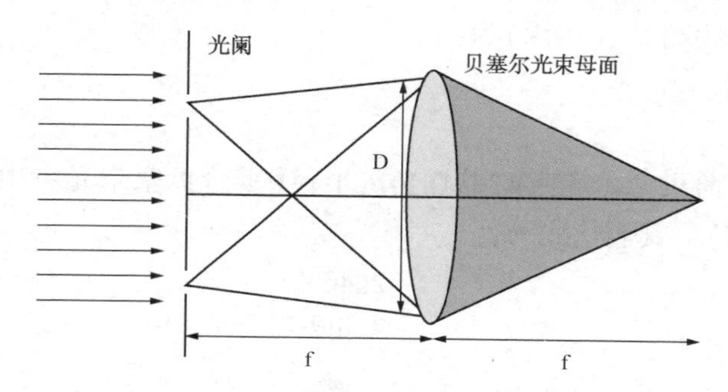

图 5. 11　环形狭缝产生贝塞尔光束的示意图

（2）基于空间光调制器的产生方法。零阶贝塞尔光束的产生过程实际是光束相位分布的改变过程。因此，零阶贝塞尔光束亦可通过空间光调制器来产生。空间光调制器是一种通过电信号来控制光场强度、相位分布的光电调制器件，如图 5. 12(a)所示。通过给空间光调制器工作面板加载如图 5. 12(b)所示的锥镜相位即可产生零阶贝塞尔光束。这种方法最大的优点的是灵活性高，但是损伤阈值低，不适用于高峰值功率密度的超短脉冲激光加工中。

(a)空间光调制器实物图

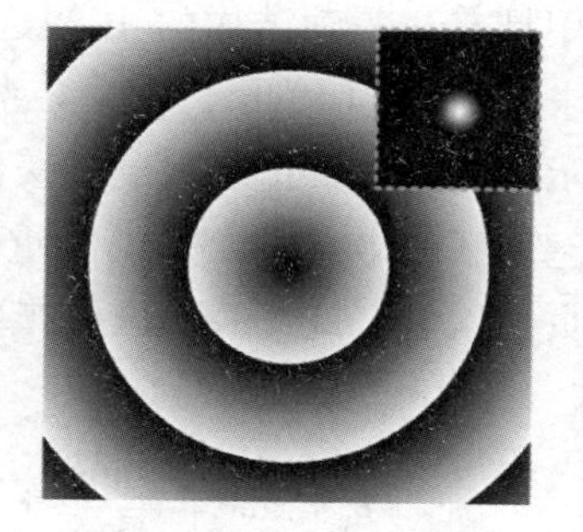

(b)零阶贝塞尔光束对应的锥镜相位

图 5. 12　空间光调制器实物图及零阶贝塞尔光束对应的锥镜相位

(3) 基于轴棱锥的产生方法。轴棱锥是产生贝塞尔光束时最常用到的一种无源玻璃基衍射元件。轴棱锥法具有损伤阈值高、能量转换率高及装卸灵活等优点，因此在超快激光微纳加工领域得到了广泛应用。高斯光束正入射并通过轴棱锥后，其相位分布得到调制，从而无损转变成零阶贝塞尔光束，如图 5. 13 所示。当束腰半径为 ω_0的平行高斯光束正入射到底角为 α、折射率为 n_0的轴棱锥后，位于光轴两边的光向主轴偏移，并沿与 z 轴夹角为 θ 的方向传播并产生相干叠加干涉效应，最终形成了准高斯-贝塞尔光束。由光的折射定律可以得到贝塞尔光束的半锥角 θ 为：

$$\theta=\sin^{-1}(n_0\sin\alpha)-\alpha \tag{5.15}$$

无衍射传播距离 $z_{\max}$(焦深)为：

$$z_{\max}=\frac{\omega_0}{\tan\theta} \tag{5.16}$$

定义 r_0为零阶贝塞尔光束的中心光斑半径(零阶贝塞尔光束中心光斑第一强度零点的半径值)，其表达式为：

$$r_0=\frac{2.405}{k\sin\theta} \tag{5.17}$$

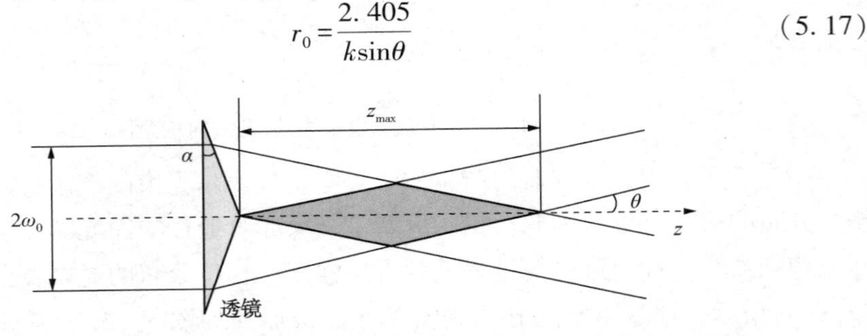

图 5. 13　利用轴棱锥产生贝塞尔光束的示意图

在实际应用过程中，单个轴棱锥产生的零阶贝塞尔光束很难满足加工需求，往往还需要利用具有开普勒结构的 4f 望远镜系统对其进行缩束和调整，从而达到实际使用需求。图 5. 14 给出了基于 4f 系统的零阶贝塞尔光束的产生及缩束示意图。如图所示，高斯光束正入射到轴棱锥后产生了第一贝塞尔区，透镜 F1 的前焦面和该贝塞尔区的中点(参考点)相重合；随后，光束经过透镜 F2 后再次会聚，形成第二贝塞尔区，该贝塞尔区的半锥角 θ_2和缩束后的光斑半径 ω_1可分别表示为：

$$\theta_2=\tan^{-1}\left(\frac{f_1\tan\theta_1}{f_2}\right)=\tan^{-1}(M\tan\theta_1) \tag{5.18}$$

$$\omega_1=\left(\frac{f_2}{f_1}\right)\omega_0=\frac{\omega_0}{M} \tag{5.19}$$

式中，f_1和f_2分别为透镜 $F1$ 和聚焦物镜 $F2$ 的焦距；$M=f_1/f_2$为横向缩小倍率。

考虑样品折射率 n_1的影响，贝塞尔光束传输至样品中，其无衍射传播距离 $z_{\max}$与中心光斑半径 R 分别可表示为：

$$z_{\max}=\omega_1\left(\frac{f_1}{f_2}\right) \tag{5.20}$$

$$R=\frac{2.405}{k\sin(\theta_2/n_1)} \tag{5.21}$$

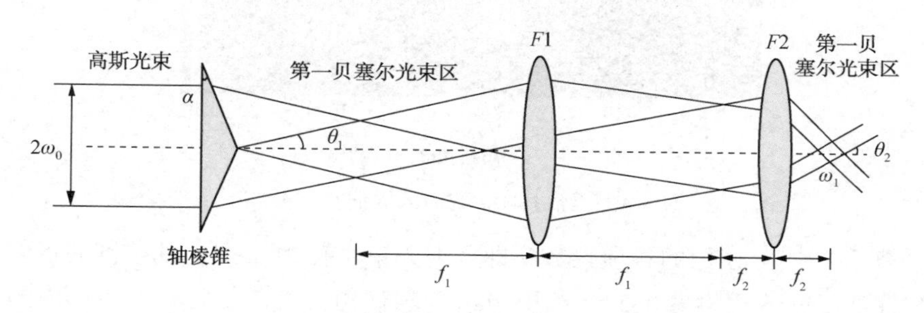

图 5.14　零阶贝塞尔光束的产生及缩束示意图

因此，通过选取不同底角的轴棱锥以及不同倍率的缩束系统，可以灵活地调节贝塞尔光束的光斑半径、无衍射传播距离及半锥角等参数，从而满足不同的加工需求。其一般规律为：当轴棱锥参数不变时，缩束倍率越大，$z_{\max}$越小，而 θ_2越大；当缩束倍率不变时，轴棱锥底角越大，$z_{\max}$越大，而 θ_2越小。因此，使用底角越大的轴棱锥，配合缩束倍率较小的 4f 系统，更易获得较长的拉丝长度。

实验中实际入射的平行光束半径为 3mm，轴棱锥的折射率为 1.458，且轴棱锥的棱角为 0.5°。利用 Matlab 软件通过仿真可以得到经过 4f 系统后的轴向光强分布与传输距离 z 之间的关系，如图 5.15(a)所示。从图中可以看出，在光传输方向上，零阶贝塞尔光束的光功率强度存在一个最大准直距离。在最大准直距离内，光功率强度基本保持不变，但是超出该距离后，光强迅速衰减至零。对比经过 4f 系统后的高斯光束的光强分布[见图 5.15(b)]可以看出，零阶无衍射贝塞尔光束的成丝长度是高斯光束成丝长度的几十甚至上百倍。因此，利用轴棱锥空间整形技术对增长光束的纵向长度效果显著。

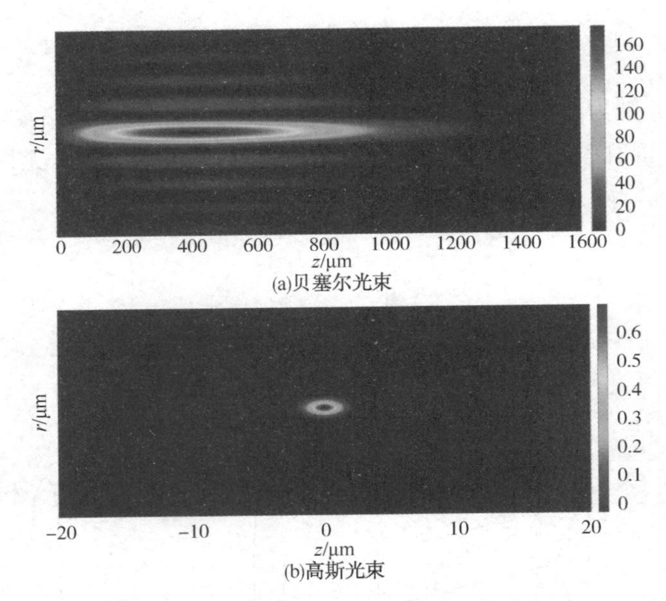

(a)贝塞尔光束

(b)高斯光束

图 5.15　经过 4*f* 系统后的纵向光强分布

将实验中实际使用的各项参数，即入射光束半径为 3mm，轴棱锥的折射率为 1.458 且轴棱锥的棱角为 0.5°，利用 Matlab 软件仿真可以得到准直距离内的光斑横截面的光功率强度分布。图 5.16(a)表示零阶贝塞尔光束的二维横向强度分布曲线，图 5.16(b)表示零阶贝塞尔光束的光强分布横截面图。从图中可以看出，零阶贝塞尔光束的中心为实心且其光场分布为具有中央主极大的同心圆环。

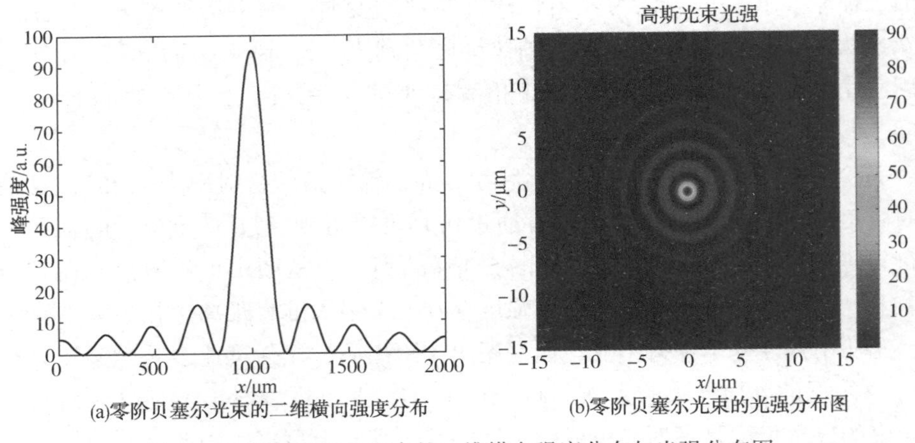

(a)零阶贝塞尔光束的二维横向强度分布

(b)零阶贝塞尔光束的光强分布图

图 5.16　零阶贝塞尔光束的二维横向强度分布与光强分布图

5.6　利用零阶贝塞尔超快激光制备透射式体布拉格光栅

5.6.1　系统搭建

图 5.17 所示为零阶贝塞尔飞秒激光在 PTR 玻璃内部制备透射式体布拉格光栅的示意图。从图中可以看出，高斯光束通过底角为 0.5°的轴棱锥后在最大准直距离 Z_{max} 范围内为零阶无衍射贝塞尔光束。利用焦距为 30cm 的透镜和放大倍数为 20×且数值孔径为 0.42 的聚焦物镜构成 4f 系统，可将通过轴棱锥后产生的无衍射光束聚焦于 PTR 玻璃内部。以 200μm/s 的速度沿 Z 轴移动样品，在 PTR 玻璃面下 150μm 处刻写一系列间距为 5μm、拉丝长度为 1mm 的平行轨迹。通过控制刻写轨迹的长度及轨迹数量，最终可以在 PTR 玻璃内部制备出体积为 3mm×3mm×1mm 的相位型透射式体布拉格光栅。

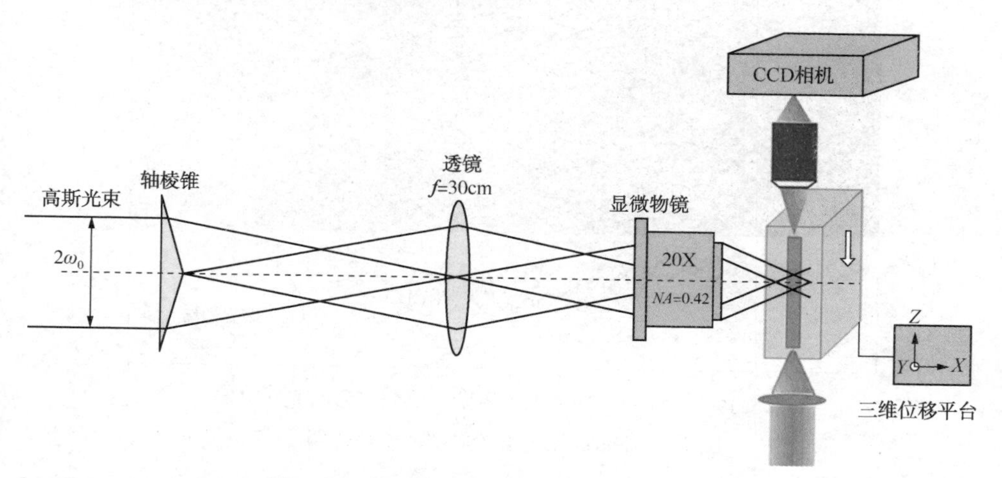

图 5.17　轴棱锥写入光栅的实验装置示意图

图 5.18 所示为利用不同飞秒激光刻写参数所得到 3mm×3mm×1mm 的体布拉格光栅经过后期热处理后的衍射图。从图中可以看出，利用飞秒激光在 PTR 玻璃中制备的透射式体布拉格光栅具有较好的光衍射效应。

5.6.2　激光写入参数和热处理对体布拉格光栅衍射效率的影响

图 5.19(a)、图 5.19(b) 和图 5.19(c) 所示为当聚焦深度位于玻璃面下 150μm、激光脉冲频率为 50kHz、脉冲宽度为 200fs、写入光功率分别为 100mW、

图 5. 18　PTR 玻璃内部制备的体布拉格光栅的白光衍射图

200mW 和 300mW 时，聚焦零阶贝塞尔飞秒激光于 PTR 玻璃内所形成的局部成丝轨迹图。图 5. 19(d)所示为写入光功率为 300mW 时轨迹的相对灰度分布曲线，该曲线可用于表示激光对玻璃的调制强度。

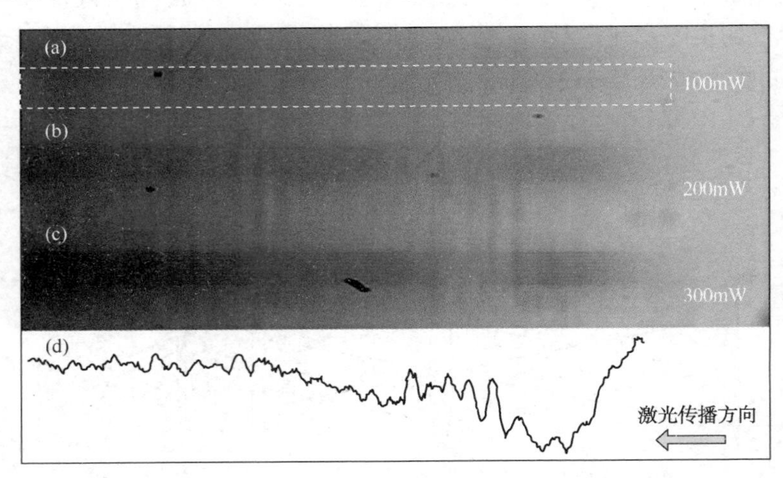

图 5. 19　不同写入功率下，零阶贝塞尔飞秒激光在 PTR 玻璃 150μm 深度下的局部成丝轨迹图

从图中可以看出，当刻写光功率为 100mW 时，由于激光的单脉冲能量较小，聚焦飞秒激光对 PTR 玻璃的直接调制作用较弱，刻写轨迹不明显；随着写入光功率的增加，轨迹颜色逐渐加深，说明随着飞秒激光单脉冲能量的增加，激光对玻璃内部结构的作用力也随之加强。值得注意的是，当写入光功率为 300mW 时，其成丝轨迹在强度分布上出现强弱交替现象。引起该现象的主要原因是：写入光功率过高，容易诱导产生非线性克尔自聚焦现象，从而增加聚焦区域内飞秒激光的峰值光功率，在图中表现为轨迹颜色较深的部分；但过强的激光峰值光功率又会引起大量的多光子吸收现象，减弱激光能量，在图中表现为轨迹颜色较浅的部

分。同时，对于零阶贝塞尔光束而言，位于主峰附近的旁瓣又将能量传递到光束的中心位置，从而增加激光能量。如此反复，直至能量消耗殆尽，因此在成丝方向上出现激光作用强度强弱交替的现象。通过对比 200mW 和 300mW 的写入光功率可知，随着写入光功率的增加，在光传输方向上所形成的类周期性光强调制作用也会增强。

图 5. 20(a)所示为当激光能量为 100nJ、脉冲宽度为 80fs 的零阶贝塞尔光束在石英玻璃内部所形成的轴向(z)和径向(r)光功率密度分布仿真图，图 5. 20(b)表示 $r=0$ 时光束的轴向功率密度分布曲线。该仿真结果与上述实验结果类似。综上所述，聚焦零阶贝塞尔飞秒激光在光传输方向上具有类周期性光能量调制作用。因此，在 PTR 玻璃内部形成的成丝轨迹颜色为强弱交替分布。

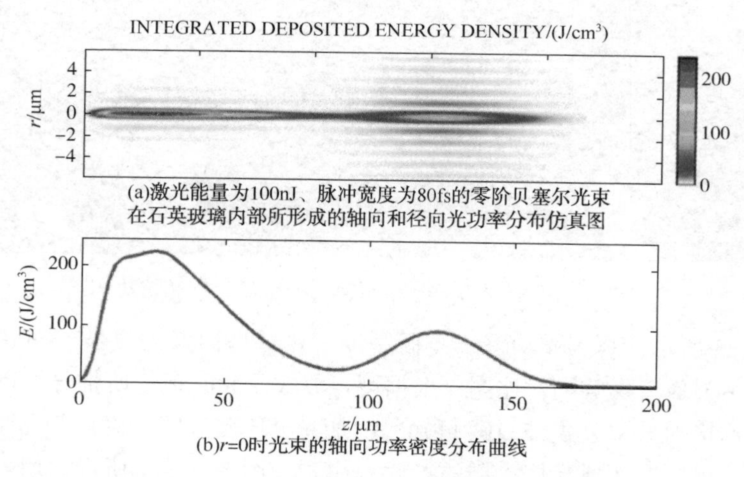

(a)激光能量为100nJ、脉冲宽度为80fs的零阶贝塞尔光束在石英玻璃内部所形成的轴向和径向光功率分布仿真图

(b)r=0时光束的轴向功率密度分布曲线

图 5. 20　利用 NLSE 仿真的聚焦光功率密度图

图 5. 21 和图 5. 22 分别为经过热处理工艺后不同写入功率(100mW、200mW、300mW)成丝轨迹的形貌图和相位对比图。经过热处理工艺后，激光作用区与非作用区的灰度对比度加强。产生该现象的主要原因是：经过热处理后，在 PTR 玻璃的聚焦区域内生成大量的纳米结晶颗粒，从而使得玻璃折射率的调制量增强。对比不同写入光功率可知，在光传输方向上，聚焦零阶贝塞尔飞秒激光所产生的类周期性光调制现象与写入光功率密切相关。当写入光功率为 100mW 时，聚焦零阶贝塞尔光束的成丝轨迹较为均匀；随着写入功率的增加，自聚焦与自散焦现象增强，导致成丝轨迹的均匀性减弱。如图 5. 22(c)所示，当写入光功率为 300mW 时，在传输方向上，聚焦零阶贝塞尔光束飞秒激光对 PTR 玻璃会产生明显的负相和正相折射率交替调制作用。在传输方向上，聚焦零阶贝塞尔飞秒激光

所产生的激光作用强度交替现象可能会降低体布拉格光栅的均匀性和衍射效率。

图 5.21　不同写入功率下热处理后成丝轨迹光学显微镜图

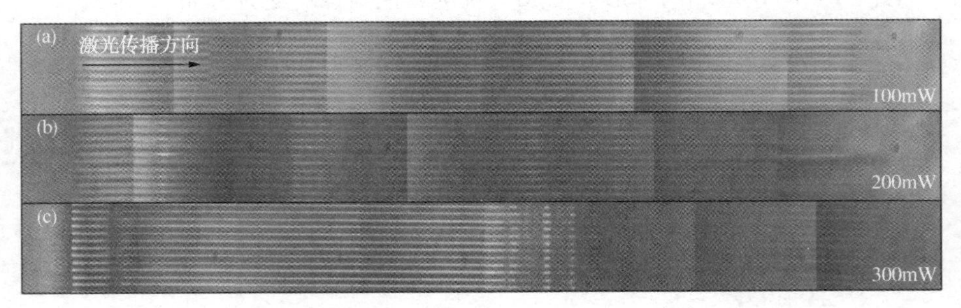

图 5.22　不同写入功率下热处理后成丝轨迹的相位对比图

图 5.23 所示为写入光功率、光栅厚度、热处理以及测试波长对透射式体布拉格光栅衍射效率影响的对比图。根据耦合波 Kogelnik 理论所推导出的透射式体布拉格光栅衍射效率公式(5.10)可知，增加光栅厚度和曝光区域与非曝光区域内的折射率差可以有效提高体光栅的衍射效率。如图 5.23(a)所示，通过光束整形技术将高斯光转变为无衍射零阶贝塞尔光束后，光栅厚度从几十纳米增加至 1mm，该光栅的最大衍射效率从 65.35%增加至 92.00%；图 5.23(b)表示通过后期热处理可将体布拉格光栅衍射效率最高提升 90%。其主要原因是：在合适的写入光功率下，热处理可以使激光作用区内产生分布均匀且生长质量较好的纳米结晶颗粒。这些纳米颗粒可以有效地改变激光作用区与非作用区内材料的折射率。图 5.23(c)表示测试光波长及写入光功率对光栅衍射效率的影响。测试结果表明，随着写入光功率的增加，衍射效率先增加后减小。最大衍射效率对应的激光写入光功率为 100mW。使用波长为 532nm 的光源测试透射式体布拉格光栅可知，当写入光功率为 100mW、光栅周期为 5μm、光栅厚度为 1mm 时，光栅的最大衍射效率为 94.73%。综上所述，有效控制光栅写入光功率、光栅厚度以及后期热处理工艺，可以制备出高衍射效率的体布拉格光栅，这类光栅可以用于集成光学

中的角度或光谱选择器。

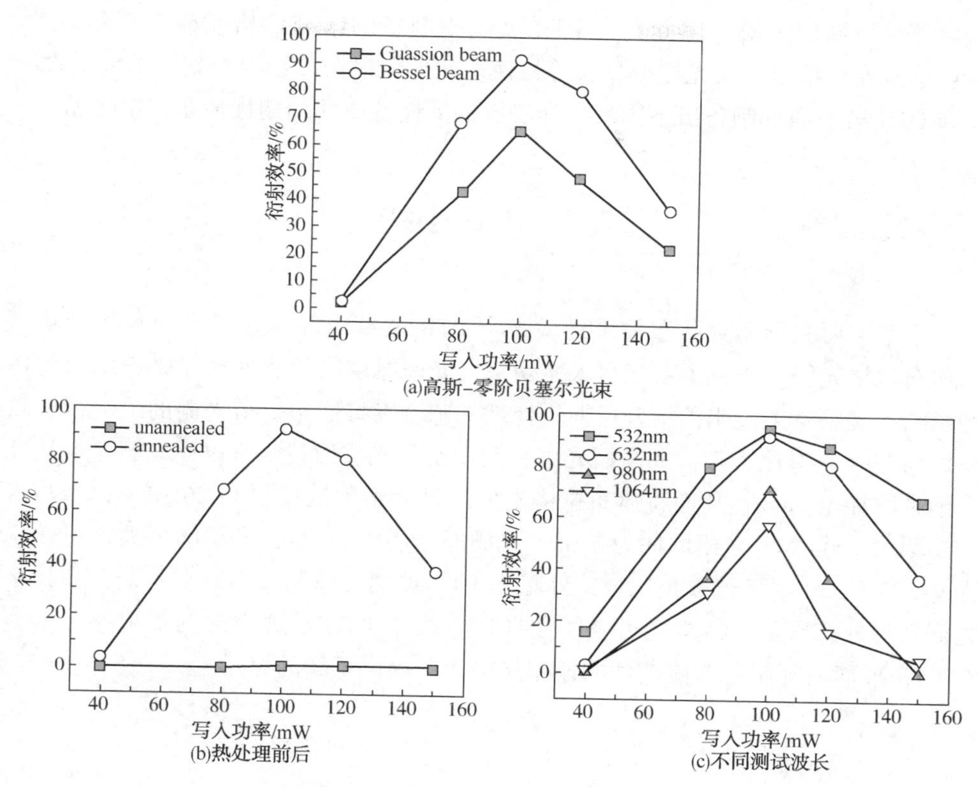

图 5.23　体布拉格光栅衍射效率对比图

目前，美国 OptiGrate、Ondax 和 PD-LD 等公司运用体全息紫外曝光方法在 PTR 玻璃中成功制备了具有高衍射效率(90%~99.90%)的不同类型体布拉格光栅，使其可应用于激光器、光谱、超快脉冲激光展宽/压缩以及频谱合束等领域。但是利用紫外曝光 PTR 玻璃在本质上完全依赖于 PTR 玻璃对紫外光能量的线性吸收，与入射激光的写入光功率无关。也就是说，只要入射光子能量大于材料禁带宽度，入射光就能被样品吸收，然后通过电子与声子或者声子与声子之间的碰撞过程最终以热弛豫的方式释放出来。该能量吸收过程实质上阻止了光子越过样品表面进入内部进行三维加工的过程。因此，紫外曝光 PTR 玻璃实质上不具有空间选择性。本实验利用飞秒激光曝光 PTR 玻璃所制备的体布拉格光栅具备较高的衍射效率、热稳定性、机械稳定性、寿命长以及空间选择性等优点。其最高衍射效率可达 94.73%；位于 PTR 玻璃内部的体光栅避免了与空气和灰尘的接触，具有良好的热稳定性及机械稳定性。同时，引起 PTR 玻璃折射率改变的主要因素是由激光作用区内产生的纳米结晶颗粒，该纳米结晶颗粒的物化性质不受其他外在条件的影响。因此，在 PTR 玻璃中制备的体布拉格光栅具有耐疲劳、折射率改变量稳定以及光栅寿命长等特性。此外，根据飞秒激光刻写的灵活性可以在 PTR 玻璃内部制备出不同尺寸和功能的周期性或非周期性体布拉格光栅。

5.7 本章小结

本章主要利用零阶贝塞尔飞秒激光在 PTR 玻璃内部制备了不同写入光功率的体布拉格光栅，研究了激光写入光功率、光栅厚度以及热处理对光栅衍射效率的影响。实验结果表明，结合后期热处理工艺可以将体布拉格光栅的最大衍射效率提高 90%；对比未整形的高斯光束，利用空间光整形技术可以使光栅厚度从几十纳米增加至 1mm，从而将体布拉格光栅的最大衍射效率提高 26.65%；当写入光功率为 100mW、光栅周期为 5μm、光栅厚度为 1mm 时，光栅的最大衍射效率为 94.73%。利用飞秒激光代替紫外曝光 PTR 玻璃可以制备出高质量的体布拉格光栅。另外，聚焦飞秒激光可空间选择性地改变 PTR 玻璃内部的折射率，这为在 PTR 玻璃内部制备非周期性的体布拉格光栅提供了新的思路。

第 6 章

超快激光刻写PTR玻璃基光波导的研究

6.1 引　　言

PTR 玻璃是制备衍射光学器件、微流器件、微光机电系统等常用的多功能材料。聚焦的飞秒激光可以空间选择性地曝光 PTR 玻璃，通过后期热处理可以在 PTR 玻璃内部设计并制备二维或三维结构的集成器件，拓展 PTR 玻璃的应用市场。本章利用飞秒激光的横向刻写方式在 PTR 玻璃内部制备了双线光波导，研究了激光写入光功率、双线间距以及热处理对波导导光模式的影响；通过控制激光重频和刻写速度在双线波导内部制备了逐点式布拉格光栅；利用飞秒激光的不同刻写方式在 PTR 玻璃内部制备了压低包层管状光波导，对比研究了刻写方式、写入光功率、波导结构以及后期热处理对压低包层管状波导端面结构和导光模式的影响。

6.2 系统搭建

飞秒脉冲激光刻写光波导的实验装置如图 6.1 所示，光刻系统的激光信号源为钛蓝宝石再生放大器超快激光系统。激光系统的工作条件如下所示：输出激光中心波长为 800nm，激光脉冲宽度为 200fs，最高可用激光功率为 600mW、脉冲重复频率为 50kHz。计算机控制的电机械快门可用来控制激光曝光样品的时间。调节半波片和线性薄膜偏振片的相对位置，可控制入射飞秒激光脉冲能量。经过薄膜偏振片后，飞秒激光为水平（Y 轴）线偏振光。实验所用的样品为掺杂 $0.02SnO_2-0.08Sb_2O_3-0.01AgNO_3-0.02CeO_2$（mol%）和（69～73）$SiO_2$-（11～15）$Na_2O-7(ZnO+Al_2O_3)-3(BaO+La_2O_3)-5NaF-1KBr$（mol%）的 PTR 玻璃，试样尺寸为 20mm×10mm×2mm。在波导的制备过程中，样品被固定在电控三维移动机械平台上，通过调节样品保证激光光束与样品移动的方向相对垂直或平行。最后将放大器输出的飞秒激光通过 20×显微物镜（M plan Apo，工作距离 = 20mm，数值孔径 $NA = 0.42$），从而使飞秒激光聚焦在样品内部。

PTR 玻璃具有很强的结构稳定性、极高的损伤阈值以及较宽的透光范围等优点，并且拥有很好的光敏性。这些特性使得 PTR 玻璃成为目前最有效的全息记录材料。随着飞秒激光刻写光波导技术的不断发展，利用飞秒激光刻写技术在PTR玻璃内部制备三维集成光学元件(如波导、光栅)也成为目前的研究热点。飞秒激光在透明电介质中刻写光波导一般可以分为两类：一类光波导，即激光焦点在介质内部刻写出一条折射率改变量为正的导光轨迹，波导位于激光焦点诱导的轨迹内；二类光波导，即激光焦点处对样品折射率的调制量为负，波导位于损伤痕迹之间。对于PTR玻璃而言，聚焦高斯分布的飞秒激光可使PTR玻璃激光作用区产生负的折射率改变量，因此可以在PTR玻璃内部制备二类波导。

图6.1所示为利用垂直于激光写入方向刻写的光波导。对于垂直(横向)刻写而言，其写入长度和设计的结构不受显微物镜工作距离的限制。但是由于激光自聚焦与自散焦现象的存在，聚焦激光在样品内部产生拉丝现象，导致写入轨迹的横截面为非圆对称结构，一般表现为椭圆形或长条形。因此，可以直接利用刻写两条横截面为长条状的轨迹来制备双线型光波导。在制备波导的过程中，可利用位于样品顶端的正相位对比显微镜(Olympus BX51)实时观测波导端面的折射率调制情况。使用电荷耦合器件(Charge Coupled Device，CCD)记录的正相位对比图中，暗色区域表示材料产生正的折射率改变量，亮色区域表示负的折射率改变量。

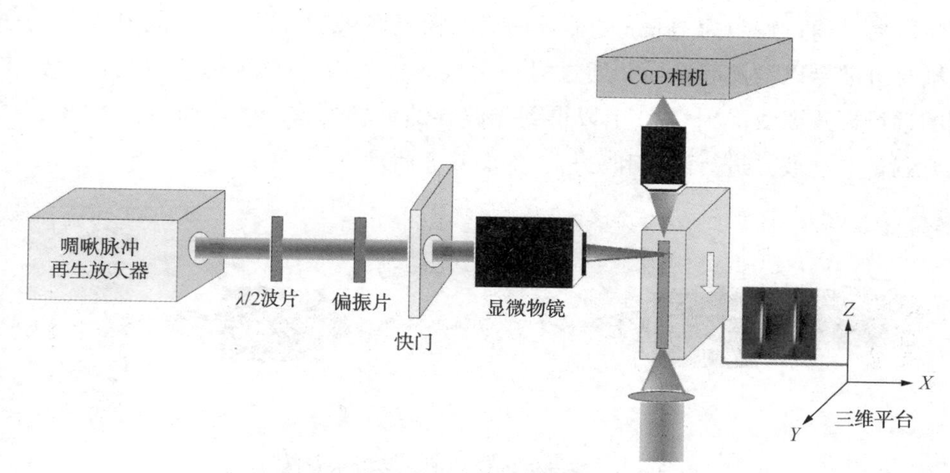

图6.1　飞秒激光垂直(横向)刻写波导实验装置示意图

飞秒脉冲激光刻写压低包层管状光波导的实验装置与上文所述相同。将PTR玻璃固定在电控三维移动机械平台上，通过调节PTR玻璃保证激光与PTR玻璃以相对垂直或平行的方向移动，最后将放大器输出的飞秒激光通过20×显微物镜聚焦于 PTR 玻璃内部。聚焦高斯分布的飞秒激光使 PTR 玻璃激光作用区产生负折射率改变量，因此可以利用不同的刻写方式在 PTR 玻璃内部制备压低包层管状波导。横向刻写压低包层管状光波导的实验装置与图 6.1 相同。图 6.2 则表示利用纵向刻写方式所制备的横截面为圆对称结构的轨迹。有序控制纵向刻写轨迹的排列方式可以制备不同直径的压低包层管状光波导。

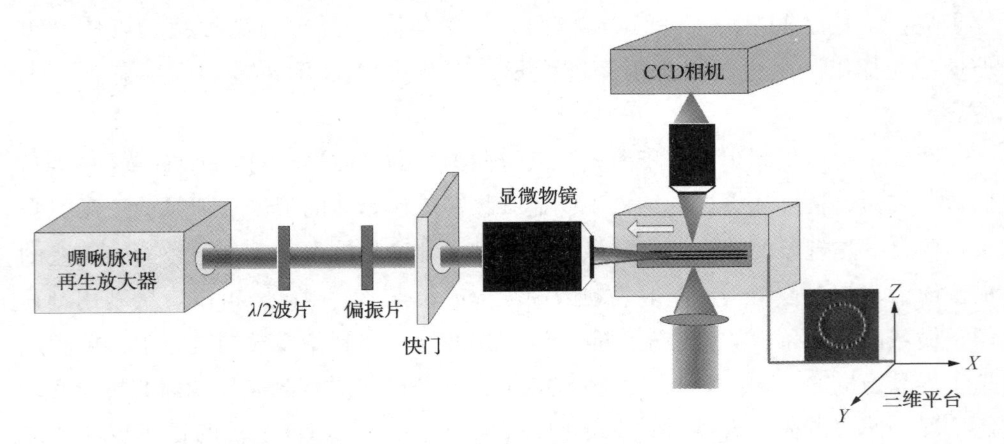

图 6.2　飞秒激光刻写波导实验装置示意图

本章波导的近场模测试采用激励光源为带尾纤的 980nm 半导体激光。波导刻写完成后，通过焦距为 18mm 的非球面聚焦物镜将 980nm 的测试光源从波导的一端耦合进波导以激发起导模，通过另一个放大倍数为 5×的显微物镜将波导输出端的近场模式图成像到 CCD 上以得到光波导的近场模式图，从而对在 PTR 玻璃中所制备的光波导进行测试和分析，如图 6.3 所示。

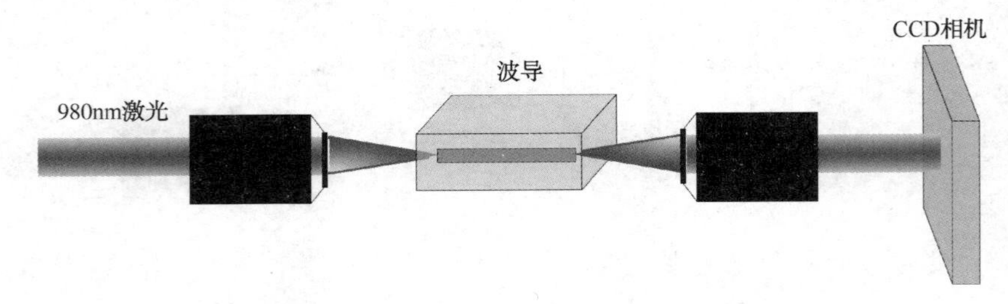

图 6.3　波导近场模式测试装置示意图

在制备波导的过程中，可利用位于样品顶端的正相位对比显微镜(Olympus BX51)实时观测波导端面的折射率调制情况。在使用 CCD 记录的 PCM 图中，暗色区域表示材料产生正的折射率改变量，亮色区域表示负的折射率改变量。

6.3　横向刻写双线型光波导

6.3.1　超快激光写入参数对双线型光波导的影响

一系列具有不同间距和不同写入功率的平行轨迹（轨迹折射率低于 PTR 玻璃）被刻写至 PTR 玻璃内部，用于研究不同激光写入功率和双线间距对双线型光波导导光模式的影响。类似于压力型波导，双线型波导的导光区域位于双轨迹的中间位置。形成该现象的主要原因是：飞秒激光具有超高峰值功率和超短脉宽，在激光聚焦区域内会形成超高温和超高压现象；飞秒激光曝光区域可产生大约为 10^8Pa 量级的应力作用，导致产生相应的应力积累以及由残余应力产生的双折射现象，即应力区域某一偏振态的折射率与其垂直方向的偏振态不同。最终在聚焦区域附近也会产生一定量折射率的改变。根据以上分析可知，对于双线型波导而言，双线之间的区域由于受到挤压，折射率将会升高，而折射率降低的双线构成了一个壁垒，因此该结构支持双线中间区域内光的传输。

飞秒激光作用于 PTR 玻璃导致聚焦区域折射率降低的主要物理机制如下：飞秒激光与 PTR 玻璃之间的相互作用会使玻璃内部产生一系列复杂过程，包括非线性光电离、结构转变、光-化学转变以及快速热退火等现象。这些相互作用可导致飞秒激光聚焦区域内玻璃的网络结构产生相应的改变并且增加自由电子密度。当写入光功率超过一定的阈值时，飞秒激光可诱导样品内部产生机械膨胀，降低焦区内样品的局域密度，并且导致轨迹附近产生相应的应力现象。最终，在以上因素的共同作用下，轨迹内的折射率降低，且在轨迹外几微米的范围内可能也会产生压应力。值得注意的是，不同的写入光功率会对玻璃内部的网络结构产生不同的改变量。因此当写入光功率密度较低时，飞秒激光也可正相调制焦区内玻璃的折射率。对于 PTR 玻璃而言，非线性电离所释放的自由电子可替代由 Ce^{3+}离子释放的自由电子，这些自由电子可以被 Ag^{+}银离子吸收形成银原子，为后期热处理银团簇成核做准备。

本实验采用横向刻写方式来制备双线型光波导，即样品移动方向与激光传播方向相垂直。将飞秒激光聚焦于 PTR 玻璃表面下 150μm 处，以 200μm/s 的速度移动样品，将飞秒激光的写入光功率设置为 40mW、双线间距设置为 30μm，利用 CCD 拍摄轨迹的成丝端面。图 6.4 所示为 PTR 玻璃内部利用飞秒激光横向刻写所制备的双线型光波导的侧面相位对比图及端面光学透射图。从图中可以看出，当飞秒激光的光功率为 40mW 时，激光在 PTR 玻璃内部诱导的成丝长度约为 40μm。双线型光波导制备完成后，将垂直于光波导的玻璃两端抛光，使双线型光波导的两个端面至玻璃表面。抛光后双线型光波导的长度约为 10mm。

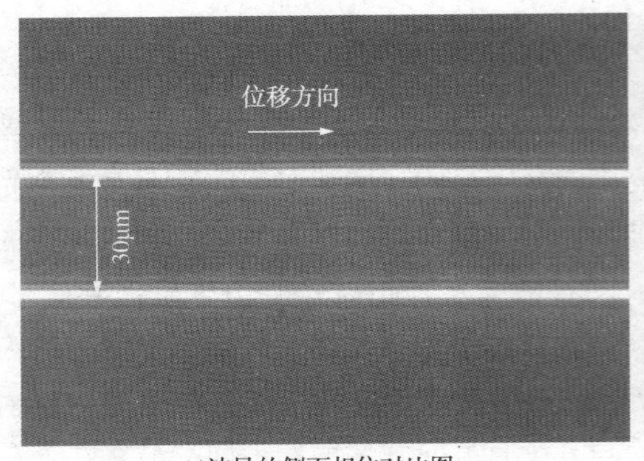

(a)波导的侧面相位对比图

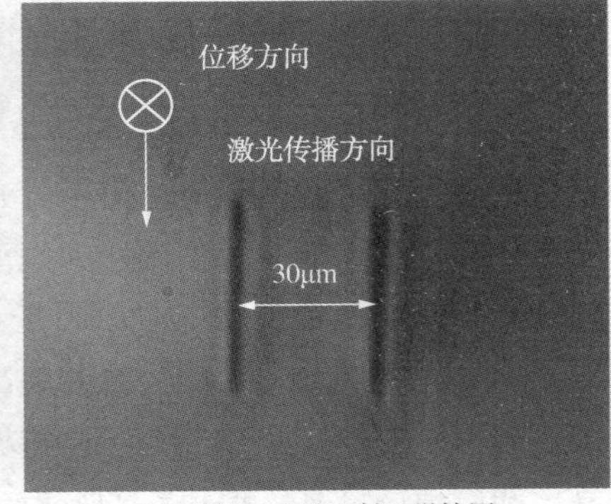

(b)波导的端面光学透射显微镜图

图 6.4　写入功率为 40mW、双线间距为 30μm 的双线型波导

为了研究飞秒激光刻写光功率以及双线间距对光波导导光模式的影响，将轨迹刻写速度固定为 200μm/s，只改变飞秒激光的写入光功率和双线间距。图 6.5(a)所示为非相干白光照射下不同间距(20μm、25μm、30μm 和 35μm)的双线型光波导端面图，图 6.5(b)所示为不同双线间距下不同写入光功率(30mW，40mW，50mW 和 60mW)的双线型光波导中心位置注入 980nm 激光后波导末端形成的近场模式图。这些近场模式图表明，当双线间距较小且写入光功率较小时，波导为单模传输，该部分位于图中点状线的左侧。由图可知，当写入功率为 30mW 时，飞秒激光诱导 PTR 玻璃的折射率调制量较小，因此波导近场模导光较弱且导光质量不是很好。当写入功率为 40~50mW、双线间距为 20μm 时，飞秒激光刻写的双线型光波导所激发的导模形状近似为矩形，纵横比较大，因此不利于实现高效率的耦合；当双线间距增加至 25~30μm 时，双线型波导的近场模式图分布较为均匀且对称，此时波导的导光性能良好；当双线间距继续增加至 35μm 时，波导出现多模导通现象。然而当飞秒激光写入光功率增大到 60mW 时，由于激光对 PTR 玻璃本身的折射率调制量增加，因此当双线间距为 30μm 时，波导的导光模式转变为高阶模导通。通过对比以上实验可知，当双线间距为 30μm、写入功率为 50mW 时，双线型波导为单模导通且导光模式均一性较好，如图 6.5(d3)所示。另外，通过分别测试注入至双线型光波导两端的 980nm 激光光功率就可以得到光波导的总损耗，其中包括耦合损耗和传输损耗。对于双线间距 30μm、写入

功率 50mW 的双线型光波导而言，波导的传输损耗大概为 2dB/cm。

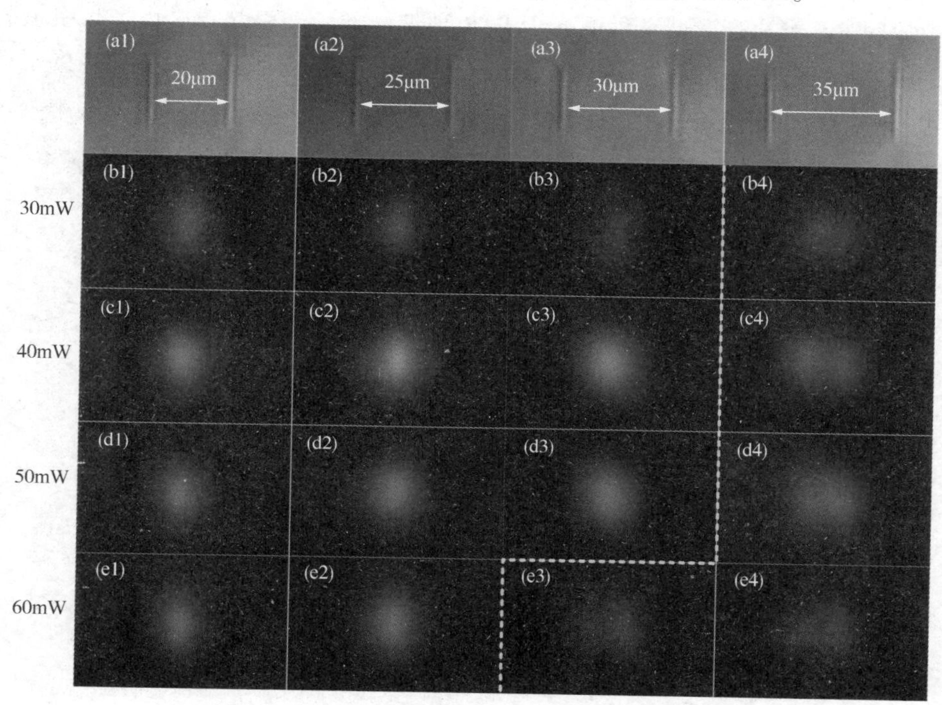

图 6.5　不同写入光功率和线间距的双线型波导

注：(a)双线波导横截面的光学透射显微镜图；(b)~(e)不同写入功率下的波导近场模式图；(1)~(4)不同双线间距下的近场模式图。

波导折射率分布与近场模式存在一定的关系，因此可以通过波导的近场模式分布数据，利用有限差分数值方法反推得到波导横截面折射率的二维分布。该方法中波导的折射率改变量表示为：

$$\Delta n(x,\ y)=\sqrt{n_s^2-\frac{1}{k^2E(x,\ y)}\nabla_t^2E(x,\ y)}-n_s \tag{6.1}$$

式中，n_s 为 PTR 玻璃的折射率；E 为归一化的波导电场强度；k 为真空中的波数；∇_t^2为作用在 x 和 y 方向上的拉普拉斯算符。

图 6.6 所示为利用有限差分法得到的双线型光波导横截面的折射率分布图。其中，波导的刻写参数为写入功率 50mW、双线间距 30μm。从波导折射率分布图中可以看出，双线中心区域的折射率较基底增加，其中波导中心位置折射率的最大变化量为 $\Delta n=7\times10^{-4}$。双线位置处的折射率较基底减小，双线位置处折射率的最大减小量为 $\Delta n=1.6\times10^{-4}$。根据波导的折射率分布图可知，波导中心处折射

率增加，而双线处折射率减小，因此导光出现在双线之间的区域。形成该现象的主要原因是：聚焦高斯型飞秒激光于 PTR 玻璃内部后会引起焦区内产生机械膨胀，降低焦区内样品的局域密度；另外，焦区内产生的膨胀现象会导致焦区附近产生相应的应力现象，从而增加双线间玻璃的折射率，最终在双线波导的中心位置实现光导通现象。

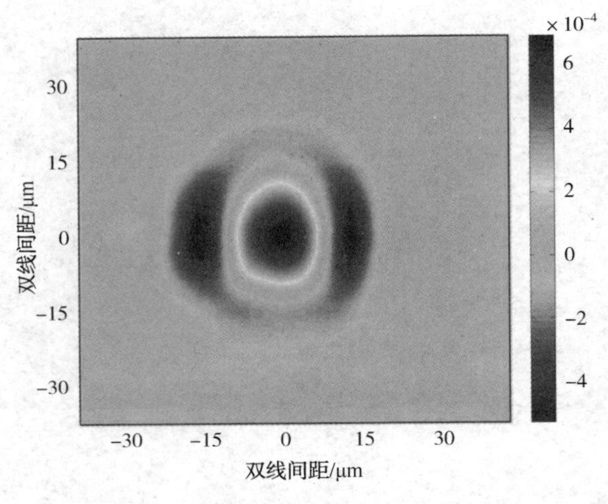

图 6.6 波导横截面的折射率分布图

6.3.2 热处理对双线型光波导的影响

众所周知，PTR 玻璃在经过热处理后，其性能将发生一定的改变，而产生这种变化的主要原因是：在成核条件下 Ag 原子会发生迁移现象并聚集形成银核，然后在结晶温度下曝光区域内会以银核为生长点生成纳米尺寸的氟化物结晶颗粒。因此，探索后续热处理对 PTR 玻璃内部的双线型光波导导光性能的影响就显得非常重要。图 6.7 所示为刻写功率为 50mW、双线间距为 30μm 的双线型光波导在经过热处理前后波导端面的相位对比图、白光透射对比图和近场模式对比图。如图 6.7(a)所示，当飞秒激光聚焦于 PTR 玻璃内部时，飞秒激光诱导样品折射率降低，并且在热处理后激光焦区内样品的折射率仍保持降低状态。如图 6.7(a1)所示，横向刻写的双线型光波导的横截面两端存在浅黑色区域(点框图标记)。形成该现象的主要原因是：横向刻写的轨迹端面不具有圆对称结构；另外，当飞秒激光写入光功率密度较小时，飞秒激光可诱导 PTR 玻璃产生正的折射率调制量。因此，在飞秒激光成丝的前后两端会存在正折射率调制区域，但是这些区域的激光作用力较弱，对波导导光模式的影响不大，如图 6.7(c1)所示。

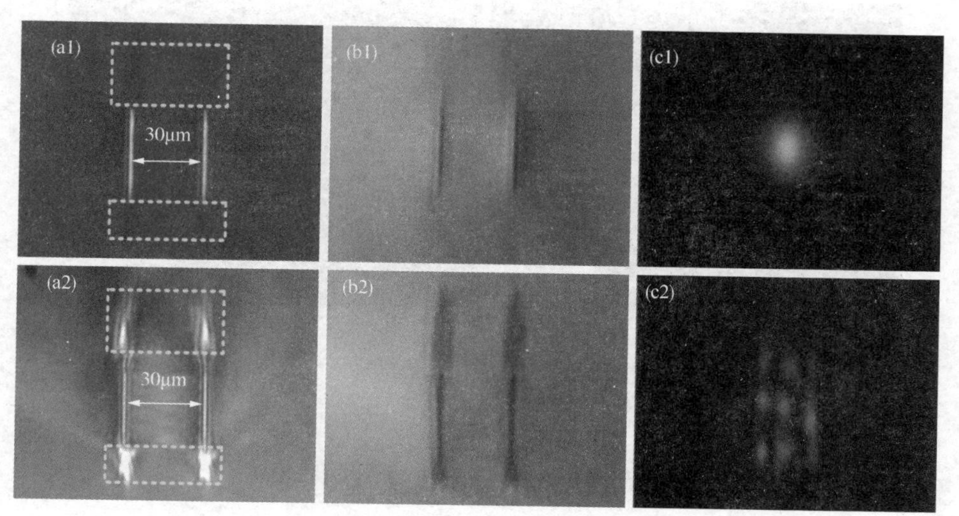

图 6.7　退火前后，写入功率为 50mW、双线间距为 30μm 的双线型波导

注：(a)波导端面的相位对比图；(b)波导端面的光学透射显微镜图；(c)波导的近场模式图；(1)退火前；(2)退火后。

对比图 6.7(a1)与图 6.7(a2)，热处理后双线型光波导横截面两端处(点状框图内)样品的折射率由正相调制转变为负相调制，如图 6.7(a2)所示。产生该现象的主要原因是：在热处理的过程中，飞秒激光聚焦区域内会生成大量的氟化物纳米结晶颗粒，该结晶颗粒的折射率比 PTR 玻璃基质低，所以点框图内的刻痕会产生明显的改变。如图 6.7(b2)所示，热处理后双线型光波导的端面形貌变得不规则，且这种不均匀的波导端面会相应地增加波导的界面粗糙度从而导致波导的散射损耗增加。另外，波导结构的损伤也会直接影响双线型波导的导光能量及模场均匀性，如图 6.7(c2)所示。总之，对于横向刻写的双线型光波导而言，热处理会导致波导端面产生强烈的不对称性和结构损伤，从而严重削弱波导的导光性能。

飞秒激光和样品相互作用时，在激光聚焦区域内会产生高压和高温等现象，从而导致飞秒激光焦区内出现膨胀现象，而焦区两侧由于受到挤压会产生相应的应力双折射。图 6.8 所示为热处理前后双线型光波导在正交偏振显微镜下的双折射图，该双线型波导的刻写参数为写入功率 50mW、双线间距 30μm、刻写速度 200μm/s。对比退火前后双线型波导的双折射图可知，热处理可以消除由飞秒激光刻写过程中引起存在于轨迹附近的不可控应力双折射现象。

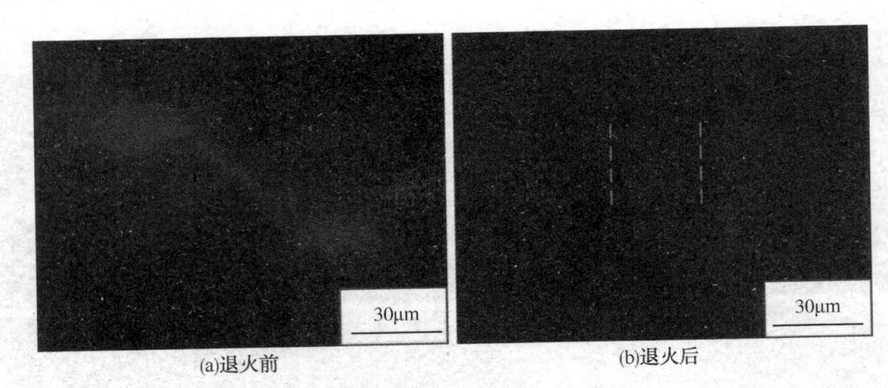

图 6.8 双线型波导在正交偏振显微镜下的双折射图

6.4 超快激光逐点法工艺研究

根据以上对双线型光波导的研究可知，通过控制写入光功率和双线间距，在未经热处理的 PTR 玻璃中可制备出高质量双线波导。当双线间距为 30μm、写入光功率为 50mW、刻写速度为 200μm/s 时，双线波导为单模导通且导光性能良好。为了拓展该双线型光波导的应用，本小节通过控制激光重频和刻写速度，在上述特定参数的双线波导中利用重复频率可调、脉冲宽度可调、中心波长为 1030nm 的飞秒激光器制备了不同周期、不同功率、不同结构的逐点式布拉格光栅。

6.4.1 激光重频

图 6.9 所示为当刻写速度为 200μm/s、激光脉宽为 220fs、单脉冲能量为 2μJ，激光脉冲频率分别为 100kHz、50kHz、10kHz、1kHz、500Hz、100Hz 和 50Hz 时，聚焦飞秒激光诱导 PTR 玻璃内部产生的轨迹相位图，其中，图 6.9(a)和图 6.9(b)分别表示轨迹的侧面和端面图。从图 6.9(a)中可以看出，当单脉冲能量为 2μJ 时，飞秒激光诱导 PTR 玻璃折射率降低，聚焦区域在相位对比图中为亮色区域；当激光脉冲频率为 100kHz 时，由于热累计效应较为明显，因此高重频飞秒激光诱导 PTR 玻璃折射率的调制量较高；随着激光脉冲频率的降低，热积累效应减弱，导致激光对玻璃聚焦区域内的折射率调制量降低。利用刻写速度 v 和激光脉冲频率 f 可以制备不同间距 $\Lambda(\Lambda=v/f)$ 的轨迹，从而形成不同周期的逐点式布拉格光栅。

图 6.9　不同脉冲频率下轨迹的相位对比图

6.4.2　激光脉宽

图 6.10 所示为当激光写入光功率为 200mW、刻写速度为 200μm/s、激光脉冲频率为 40Hz，激光脉宽分别为 220fs、1ps、2ps、3ps、4ps、5ps、6ps 时，聚焦飞秒激光诱导 PTR 玻璃内部产生逐点轨迹的侧面和端面图相位对比图。从图 6.10(a)中可以看出，不同脉宽的聚焦激光都会诱导 PTR 玻璃内部产生折射率降低现象。随着激光脉宽的增加，聚焦区域内轨迹与玻璃基体之间的颜色对比度增加。该现象表明，随着激光脉宽的增加，聚焦激光对 PTR 玻璃的折射率调制量增强。从图 6.10(b)中可以看出，单脉冲飞秒激光(220fs)对 PTR 玻璃折射率的调制量较低。随着激光脉宽的增加，聚焦区域内的成丝轨迹先增长后减短。当激光脉宽为 2ps 时，成丝最长但是成丝不均匀。产生该现象的主要原因是，在该脉冲宽度下，聚焦激光在 PTR 玻璃内部产生了自聚焦与自散焦现象。随着激光脉冲宽度的进一步增加，自聚焦与自散焦现象消除，激光能量更为集中，激光的中心峰值光功率密度增加。因此，当激光脉宽为 6ps 时，成丝轨迹最短且对 PTR 玻璃的折射率调制量最强。但是对比图 6.10(a)可以看出，当激光脉宽大于 5s 时，成丝轨迹的侧面形貌变得不均匀，该现象会直接影响后期制备的布拉格光栅质量。

6.4.3　激光能量

图 6.11 所示为轨迹刻写速度为 200μm/s、激光脉冲频率为 40Hz、轨迹与轨迹之间的距离为 5μm，激光写入光功率(50mW、100mW、150mW、200mW、

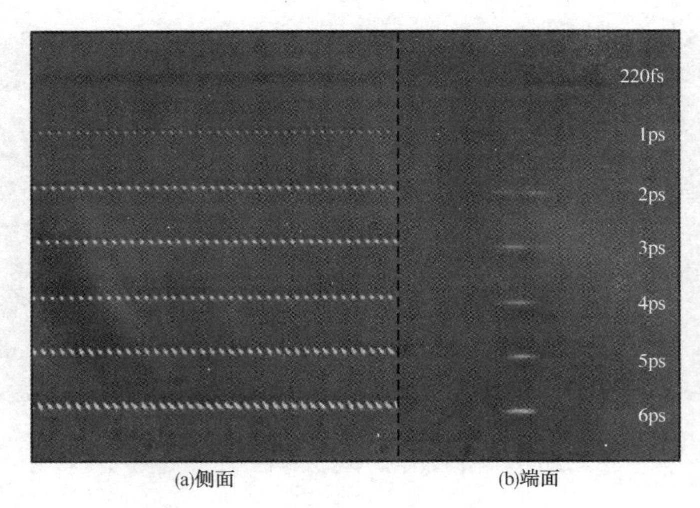

图 6.10　不同写入脉宽下轨迹的相位对比图

250mW、300mW）与激光脉冲宽度（6ps、5ps、4ps、3ps、2ps、1ps、220fs）之间的侧面相位对比图。

从图 6.11 中可以看出，当写入光功率为 50mW 时，激光能量对 PTR 玻璃折射率的调制量近乎为零；当写入光功率大于 200mW 时，单脉冲激光能量过大，聚焦激光对 PTR 玻璃内部折射率的调制区域过大，不利于制备小周期布拉格光栅；当激光脉宽为 220fs 时，不同功率下单脉冲能量对 PTR 玻璃折射率的调制量较弱；当激光脉宽大于 5ps 时，单点轨迹的端面形貌不均匀且端面较大，该现象会直接影响布拉格光栅的调制作用并且限制布拉格光栅的周期。对比由不同光功率和激光脉宽制备的单脉冲轨迹端面图可知，当写入光功率为 100～150mW、脉宽为 2～4ps 时，轨迹对 PTR 玻璃的折射率调制量较强且端面所形成的点较为均匀。

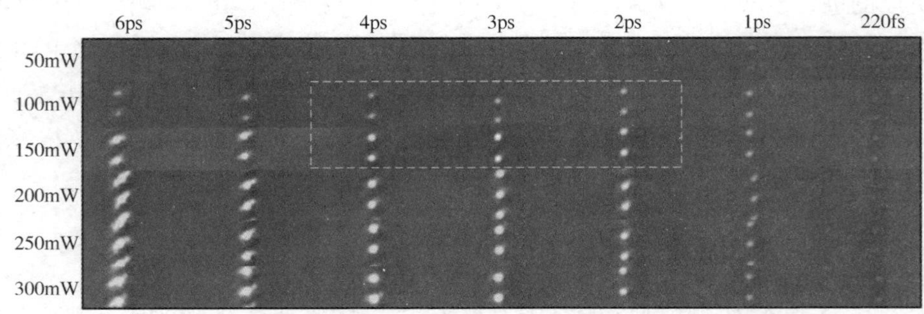

图 6.11　不同写入脉宽和不同写入功率下轨迹的侧面相位对比图

图6.12所示为激光脉冲宽度(220fs、1ps、2ps、3ps、4ps、5ps、6ps)与激光写入光功率(100mW、150mW、200mW、250mW、300mW)之间的端面相位对比图。

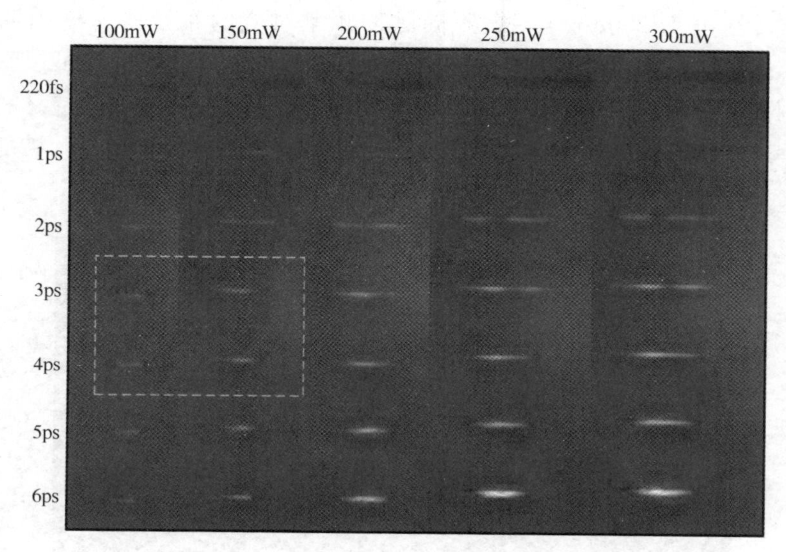

图6.12　不同写入脉宽和不同写入功率下轨迹的端面相位对比图

从图6.12中可以看出，随着写入光功率的增加，聚焦高斯光束在PTR玻璃内部的成丝长度增加且激光对样品的折射率调制量增大。当激光脉宽为220fs或1ps时，聚焦单脉冲激光对PTR玻璃的折射率调制量较弱；当激光脉宽为2ps时，聚焦激光在PTR玻璃内易产生自聚焦和自散焦现象，形成不均匀的轨迹；当激光脉宽为3ps、写入光功率低于200mW时，单脉冲激光诱导材料折射率的调制量提高且成丝轨迹较为均匀；当激光脉宽为4ps时，无自聚焦和自散焦现象且聚焦激光对PTR玻璃的折射率调制量相应增大；当激光脉宽为5ps和6ps时，聚焦区域内激光对玻璃折射率的调制量增大但是激光作用区域亦增大，不利于制备小周期布拉格光栅。结合图6.11可知，当写入激光功率为100~150mW、激光脉宽为3~4ps时，轨迹对PTR玻璃的折射率调制量较强、成丝均匀且成丝长度合适。

6.4.4　光栅周期

根据图6.11和图6.12可知，当写入激光功率为100~150mW、激光脉宽为3ps时，可制备出折射率调制量较强且均匀的单脉冲轨迹。此外，光栅周期也是影响布拉格光栅波导的一个重要参数。图6.13所示为当激光写入光功率为

150mW、激光脉宽为 3ps、刻写速度为 200μm/s、脉冲频率分别为 33Hz、40Hz、50Hz、67Hz、100Hz、125Hz 和 200Hz 时所得到的不同周期的布拉格光栅图。图 6.13(a)和图 6.13(b)分别表示逐点轨迹的侧面图和端面图。根据公式 $\Lambda=v/f$ 可知，当写入速度为 200μm/s 时，不同脉冲频率对应的布拉格光栅周期分别为 6μm、5μm、4μm、3μm、2μm、1.6μm 和 1μm。从图 6.13(a)中可以看出，当激光作用区域宽度的限制导致当光栅周期小于 2μm 时，轨迹与轨迹之间发生部分的重叠现象，并且在成丝方向上会诱导产生自聚焦与自散焦现象，破坏成丝均匀性。

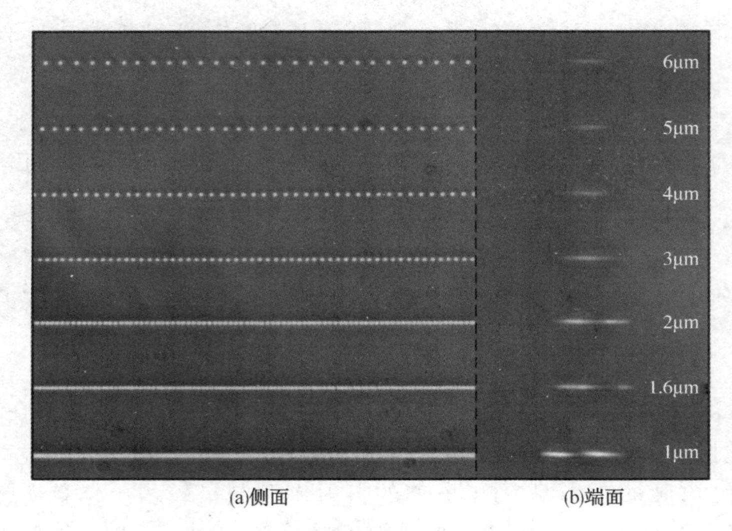

图 6.13　不同周期下轨迹的相位对比图

图 6.14 所示为在双线中间位置处，利用激光脉宽为 3ps、激光光功率为 100mW、脉冲频率为 100Hz、刻写速度为 260.07μm/s 的写入参数制备的波导逐点式布拉格光栅。为了将激光更好地耦合至布拉格光栅波导内部，本实验设计在双线型波导的两端各留出 500μm 方便激光的耦合以及汇聚。图 6.14(a)所示为双线波导布拉格光栅的侧面相位对比图。从图中可以看出，激光聚焦区域内样品的折射率降低。图 6.14(b)所示为双线波导布拉格光栅的近场模式图。从图中可以看出，该波导的近场模式图具有相对均匀对称的近高斯型分布，且具有较好的单模导光特性。

图 6.15 所示为当激光脉冲为 3ps、刻写光功率为 100mW、激光频率为 100Hz，刻写速度分别为 104.03μm/s、156.04μm/s、208.05μm/s 和 260.07μm/s 所制备的光栅长度为 6.5mm 的波导布拉格光栅的侧面相位对比图和近场模式图。

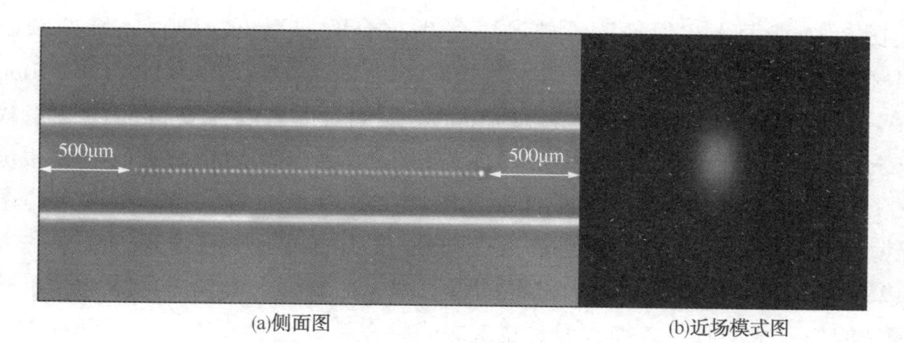

(a)侧面图　　(b)近场模式图

图 6.14　波导布拉格光栅

不同的刻写速度分别对应不同的光栅周期：1.0403μm、1.5604μm、2.0805μm和2.6007μm。从图中可以看出，当布拉格光栅周期为1.0403μm时，由于轨迹间距过小，轨迹重叠在一起形成一条连续的直线；当布拉格光栅周期为1.5604μm时，轨迹相互分开；当布拉格光栅周期大于2.0805μm时，轨迹间距较大，因此相同长度的布拉格光栅波导对光的调制作用会相应减弱。从图6.15(b)中可以看出，不同周期的布拉格光栅不会影响波导的导光特性，说明布拉格光栅的存在并不会影响波导的损耗。

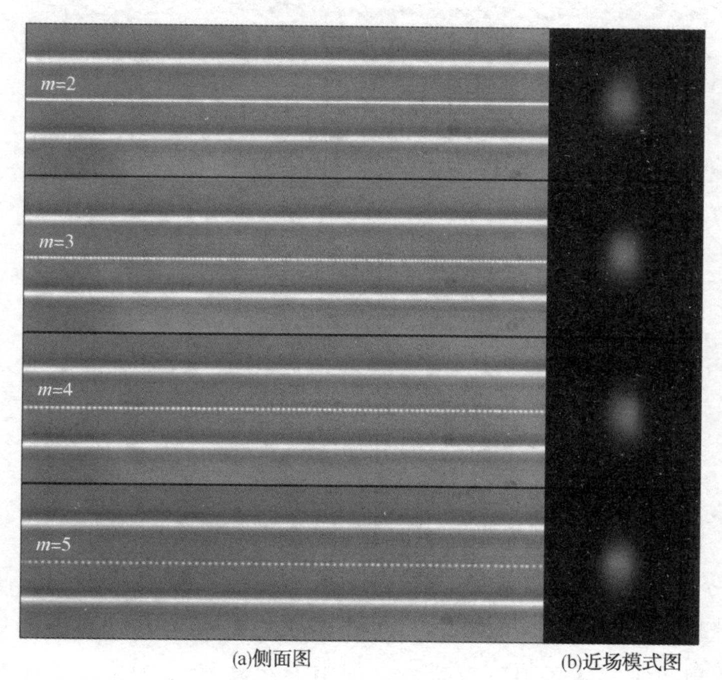

(a)侧面图　　(b)近场模式图

图 6.15　不同光栅阶数下双线型波导布拉格光栅

图 6.16 所示为在保证逐点轨迹不发生重合的前提下，即写入脉冲频率为 100Hz、刻写速度为 156.04μm/s、激光脉宽为 3ps，不同写入光功率(50mW、70mW、90mW、110mW、130mW 和 150mW)所制备的长度为 6.5mm 的逐点式波导布拉格光栅。图 6.16(a)和图 6.16(b)分别表示波导布拉格光栅的侧面相位对比图和近场模式图。从图 6.16(a)中可以看出，当布拉格光栅的写入光功率为 50mW 时，单脉冲能量太低不足以改变 PTR 玻璃的折射率；当写入光功率大于 70mW 时，单脉冲能量足以修改样品的折射率，随着写入光功率的增加，单脉冲对样品的折射率调制量增加，但是轨迹之间存在部分重合现象。通过图 6.16(b)可以看出，在双线中心制备的不同光功率的布拉格光栅并不会影响波导的导光特性。

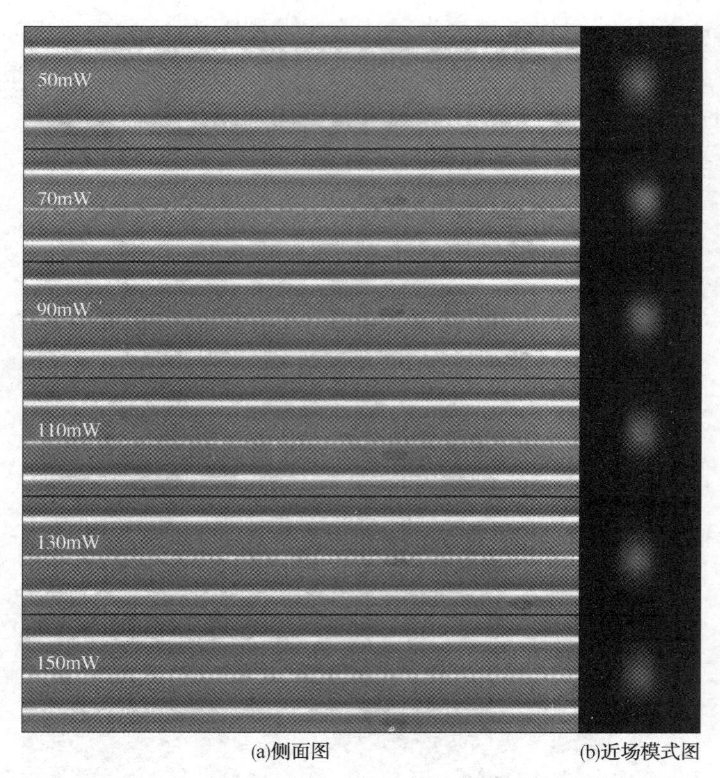

图 6.16　不同写入光功率下双线型波导布拉格光栅

图 6.17 所示为当写入脉冲频率为 100Hz、刻写速度为 156.04μm/s、激光脉宽为 3ps、写入光功率为 150mW 所制备的长度为 6.5mm 的逐点式波导布拉格光栅的光谱调制曲线。从图中可以看出，利用上述参数在 PTR 玻璃中制备的双线

型波导布拉格光栅对波长为1503nm附近的光存在微弱的调制现象，但调制宽度较宽且调制量仅为3dB。产生该现象的主要原因可能如下：在制备逐点式光栅的过程中，由于受到移动平台精度的限制，实际光栅周期不能准确保证为1.5604μm，实际光栅周期在设定光栅周期附近存在一定量的浮动，因此光谱调制范围加宽且调制深度减弱。此外，对于在双线中制备的逐点式布拉格光栅，由于双线型波导的导光区域为30μm，而光栅调制区域仅为一条线，光栅对波导的调制作用较弱，因此布拉格光栅对光的调制作用较弱。为了加强布拉格光栅的调制作用，后期可在PTR玻璃中制备多排逐点式布拉格光栅，研究布拉格光栅排列方式对光谱调制现象的影响。另外，可以在双线中间制备板层式布拉格光栅，增强调制区域的面积。

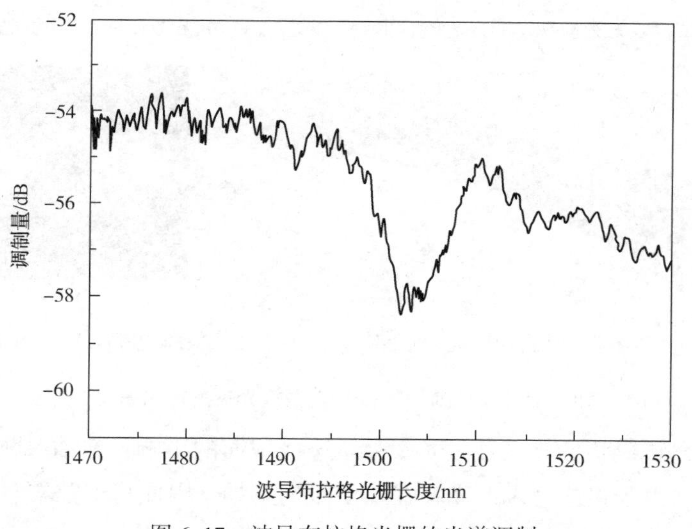

图6.17　波导布拉格光栅的光谱调制

6.5　横向刻写压低包层管状波导

6.5.1　横向刻写中轨迹横截面整形技术

飞秒激光横向刻写过程中，在光传输方向上由于存在克尔自聚焦与自散焦现象，因此在刻痕端面会出现成丝现象，该现象严重影响轨迹端面的对称性。要想解决该问题，就需要利用横向整形技术对轨迹横截面进行整形。最常用的整形方法为狭缝整形，即在聚焦物镜前放置一个狭缝光阑，改变垂直于光传输面上的两个垂直方向上的光斑束腰比值。M. Amsl 等人利用理论模拟了加入狭缝前后飞秒激光聚焦光斑的能量密度分布，如图 6. 18 所示。

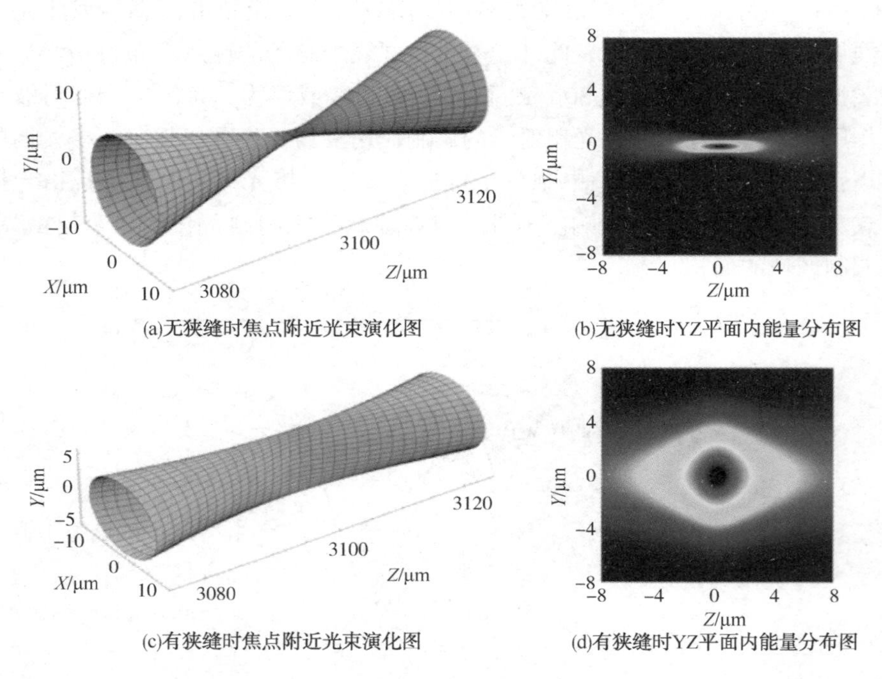

(a)无狭缝时焦点附近光束演化图

(b)无狭缝时YZ平面内能量分布图

(c)有狭缝时焦点附近光束演化图

(d)有狭缝时YZ平面内能量分布图

图 6. 18　加长狭缝前后飞秒激光聚焦光斑的能量密度分布

为了研究狭缝整形对飞秒激光刻写轨迹横截面的影响，在 20×聚焦物镜前放置一个狭缝。由于狭缝对入射光存在一定量的遮挡，因此将聚焦飞秒激光光功率调制最大，并且将狭缝间距分别设置为 500μm、600μm、700μm、800μm、900μm。通过实验测试可知，不同狭缝间距后的最大光功率分别为 50mW、60mW、70mW、80mW、90mW。在相同狭缝间距下，分别设置不同的刻写速度 200μm/s、100μm/s、50μm/s。图 6. 19 表示通过狭缝整形后轨迹端面的光学透射图。从图中可以看出，随着狭缝间距和写入光功率的增大，成丝轨迹的拖尾(点状框图)增长。当狭缝间距仅为 500μm 时，经过整形后的轨迹横截面依旧没有达到预期的圆对称结构，反而在 PTR 玻璃的焦区内形成了不规则的端面形貌。但是当继续减小狭缝宽度时，透过狭缝后的光功率也会相应地减小，导致激光诱导样品折射率的调制量过小。

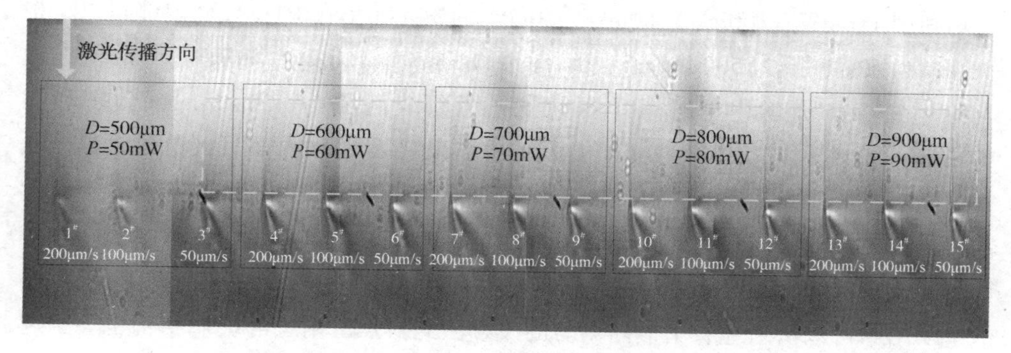

图 6. 19　不同狭缝间距和写入功率下狭缝整形波导端面的光学透射显微镜图

根据上述实验结果可知，过窄的狭缝会直接阻挡大量激光能量，导致飞秒激光聚焦至 PTR 玻璃内部的激光功率密度过低，从而无法有效调制样品聚焦区域内的折射率。根据文献报道，组合使用两个柱透镜和一个物镜对光束进行整形，通过调节两个方向的束腰半径，可以精确地控制焦点处光强的对称性。鉴于以上原因，需考虑利用柱透镜整形技术对飞秒激光进行空间光整形，然后利用狭缝对飞秒激光做近一步的整形。如图 6. 20 所示，在狭缝之前分别放置两个焦距为 150mm 和 50mm 的柱透镜，经过柱透镜整形后能够获得较大长宽比且经过准直的长条形光束输出。在该光束后面放置狭缝，可以在有效减小激光损耗的基础上改变垂直于光传输面上的光斑束腰比值。

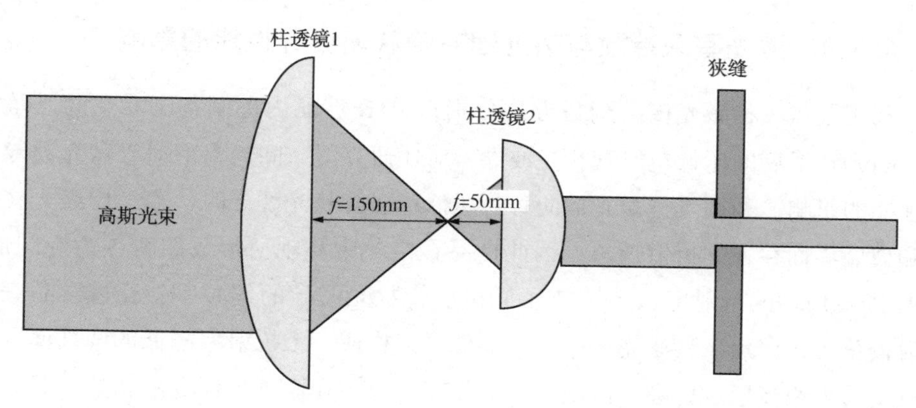

图 6. 20　柱透镜加狭缝整形示意图

利用柱透镜加狭缝整形技术，通过改变激光写入参数与狭缝间距可以在 PTR 玻璃面内 150μm 处得到不同形貌的轨迹端面光学透射图，如图 6. 21 所示。柱透镜后狭缝的间距分别设置为 400μm、500μm 和 600μm。当狭缝间距为 400μm 时，分别利用 120mW、100mW、80mW、60mW 的激光功率在 PTR 玻璃内部写入单根轨迹；当狭缝间隔为 500μm 时，分别利用 160mW、100mW、80mW、60mW 的激光功率在 PTR 玻璃内部写入单根轨迹；当狭缝间隔为 600μm 时，分别利用 180mW、100mW、80mW、60mW 的激光功率在 PTR 玻璃内部写入单根轨迹。通过对比轨迹端面光学透射图可以发现，随着狭缝间隔的增大，轨迹端面的圆对称性变差；在相同狭缝间距内，随着写入光功率的增加，轨迹端面变清晰但圆对称性变差；当狭缝间隔为 400μm、写入功率为 60mW 时，轨迹端面呈现为马蹄状，但是从图中可以清晰地看出横向刻写的飞秒激光对焦区附近的玻璃结构也会引起一定量的改变，使轨迹端面四周呈现为浅灰色。

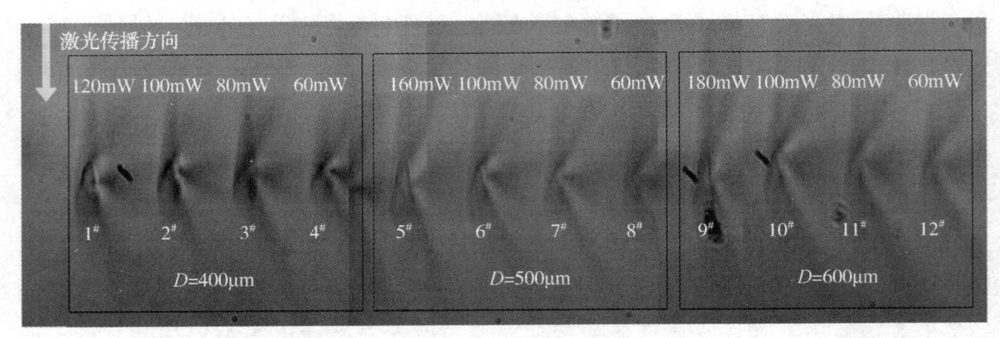

图 6.21　不同狭缝间距和写入功率下，狭缝加柱透镜整形波导端面的光学透射显微图

6.5.2　激光写入参数与热处理对管状光波导性能的影响

利用聚焦飞秒激光横向刻写方式分别在 PTR 玻璃内部制备了无空间光整形和空间光整形后的压低包层管状光波导，对比研究了空间光整形对管状光波导导光性能的影响。利用飞秒激光横向直写压低包层管状光波导时，需考虑激光在空气和玻璃界面存在的折射现象，因此样品在空气中移动所形成的轨迹为椭圆形。根据 PTR 玻璃的折射率适当调节压低包层管状光波导的偏心率，经过样品表面折射校正后，聚焦飞秒激光在样品内部就可以构成一个折射率降低的圆柱面。为了避免写入激光通过已曝光区域，采取先写入分布在面下最深处的轨迹，然后再写入分布在靠近样品表面的轨迹。

对于压低包层管状光波导而言，包层轨迹的折射率改变量是影响波导束光能力的主要因素。另一个支持管状光波导导光的因素是，波导中心区域存在由于飞秒激光刻写所导致的应力挤压累积效应。因此，可以通过改变激光写入光功率和控制管状光波导直径来优化光波导的导光性能。图 6.22 所示为利用聚焦于 PTR 玻璃面下 150μm 处的飞秒激光以 200μm/s 的速度分别在样品内部刻写由 30 根无空间光整形轨迹组成的压低包层管状光波导和由 16 根空间光整形后轨迹组成的压低包层管状光波导的端面光学透射图，并且管状光波导的直径均为 70μm。本实验中空间光整形轨迹的实验参数如下：在焦距为 150mm 和 50mm 的柱透镜后放置狭缝间隔为 400μm 的狭缝并且将写入光功率设置为 60mW。由图可知，在白光照射下，PTR 玻璃内部聚焦飞秒激光作用后轨迹呈现黑色，表示轨迹处玻璃网络结构遭到了破坏，轨迹折射率降低。但是在每个轨迹周围(图中灰色不规则区域)仍然存在一些微弱的不易受控制的激光作用区。

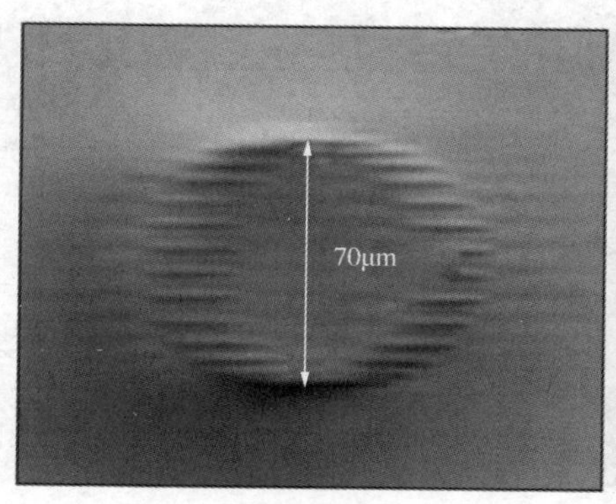

(a)无整形波导端面

70μm

(b)狭缝加柱透镜整形波导端面

图 6.22　横向刻写的压低包层管状波导横截面的光学透射显微照片

将无空间光整形和空间光整形后的压低包层管状光波导样品进行后期热处理，研究热处理对横向刻写管状光波导形貌和导光性能的影响。如图 6.23 所示，经过热处理后在飞秒激光作用区内会诱导生长大量 NaF 纳米结晶颗粒，因此在构成压低包层管状波导的轨迹周围也会产生一定量的折射率调制。如图 6.23(b)所示，后期热处理产生的折射率变化将严重破坏压低包层管状光波导的端面圆对称性。如图 6.23(c)所示，不规则的波导端面形貌可直接影响管状光波导的导光模式。从图中可以看出，热处理后横向刻写的压低包层管状光波导的导光模式为不规则多模光斑。该实验说明，由于 PTR 玻璃具有敏感的光敏和热敏特性，因此热处理后在微弱的飞秒激光作用区域内也会产生相应的纳米结晶颗粒，破坏光波导的端面对称性，从而严重影响波导的导光性能。

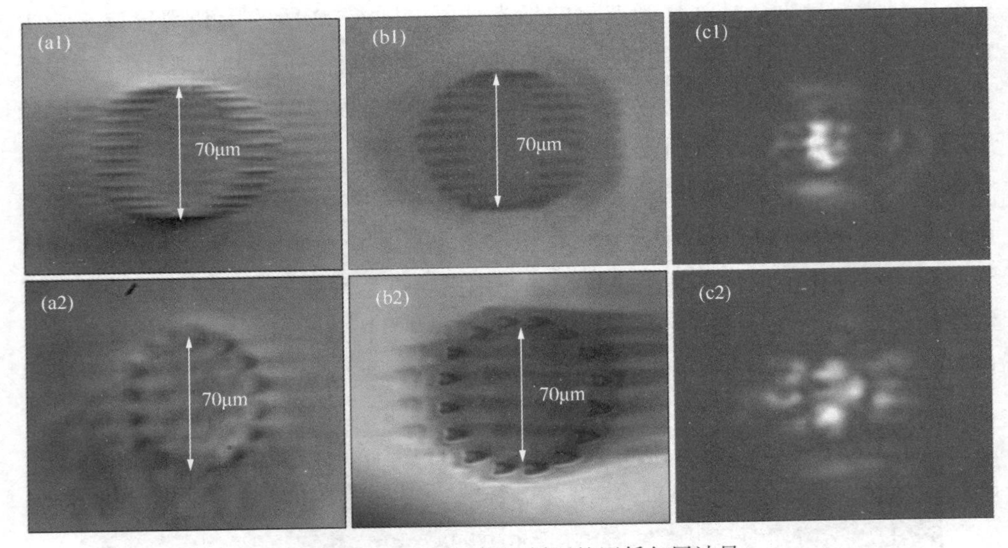

图 6.23　退火前后横向刻写的压低包层波导

注：(a)无热处理时波导端面的光学透射显微照片；(b)热处理后波导端面的光学透射显微照片；(c)波导的近场模式图；(1)无整形；(2)狭缝加柱透镜整形。

6.6　纵向刻写压低包层管状光波导

6.6.1　热处理对管状光波导的影响

为了克服横向刻写所造成的轨迹端面不对称性，利用纵向刻写方式在 PTR 玻璃内部制备了不同刻写参数的压低包层管状波导。

图 6.24 所示为将功率为 50mW 的飞秒激光聚焦于 PTR 玻璃面下 150μm 处分别以 20、27、35 根轨迹构成直径为 30μm、40μm、50μm 的压低包层管状光波导的相位对比图。图 6.24(a)所示为纵向刻写管状光波导的侧面相位对比图，图 6.24(b)所示为压低包层波导的端面相位对比图。从该相位对比图中可以看出，飞秒激光作用区域呈现为亮白色，表明聚焦飞秒激光可直接诱导 PTR 玻璃折射率降低。另外，根据端面相位对比图可知，构成压低包层管状波导的轨迹横截面具有较好的圆对称性，且轨迹周围不存在不均匀分布的激光作用区。

由于热处理会直接增强压低包层管状波导的折射率调制量，因此首先对比研

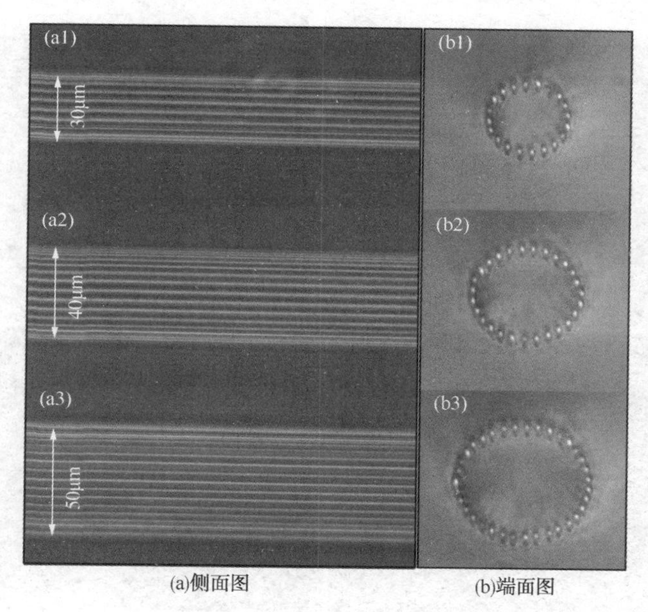

图 6. 24　纵向刻写压低包层波导的相位对比图

究了热处理对该纵向刻写管状包层光波导导光性能的影响。图 6. 25 所示为当写入光功率为 50mW 时，由 27 根折射率降低的轨迹构成的直径为 40μm 的压低包层管状光波导的热处理前后相位对比图。从图中可知，热处理后轨迹的相位对比更明显，说明激光曝光区内材料的折射率改变量增加，并且热处理不会影响聚焦飞秒激光刻写的轨迹横截面结构。如图 6. 25(a2)所示，未经过热处理的管状光波导对光的约束能力较弱，存在一定的漏光现象。但是，该光波导经过后期热处理后构成压低包层的轨迹折射率改变量增大，因此该管状包层波导对光的约束能力也会随之加强，波导的漏光现象减弱[见图 6. 25(b2)]。

6. 6. 2　压低包层直径对管状光波导的影响

图 6. 26 所示为经过后期热处理后压低包层管状波导直径对波导导光特性的影响。图 6. 26(a)所示为波导端面的光学透射图，图 6. 26(b)所示为波导的近场模式图。构成该组压低包层管状波导的轨迹数分别为 20、27、35。当构成压低包层的轨迹过于稀疏时，不同直径的压低包层管状光波导都存在一定的漏光现象，从而严重影响光波导对光的束缚能力及传输能力。为了解决该漏光现象，在制备光波导时应根据波导直径相应地增加组成压低包层波导的轨迹数量，从而加强管状波导对光的束缚能力和光传输能力，同时降低波导损耗。

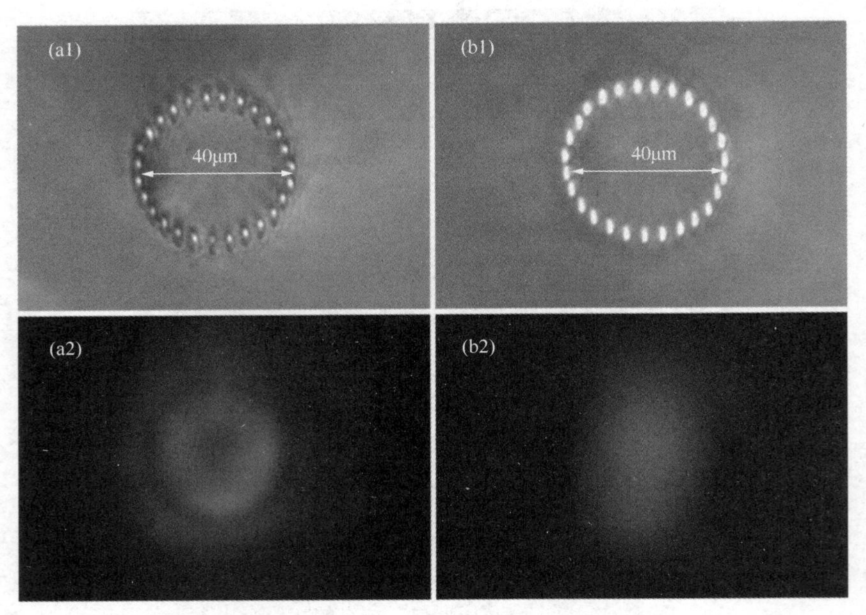

图 6.25 纵向刻写的压低包层管状光波导

注：(a)退火前；(b)退火后；(1)波导端面的相位对比图；(2)波导的近场模式图。

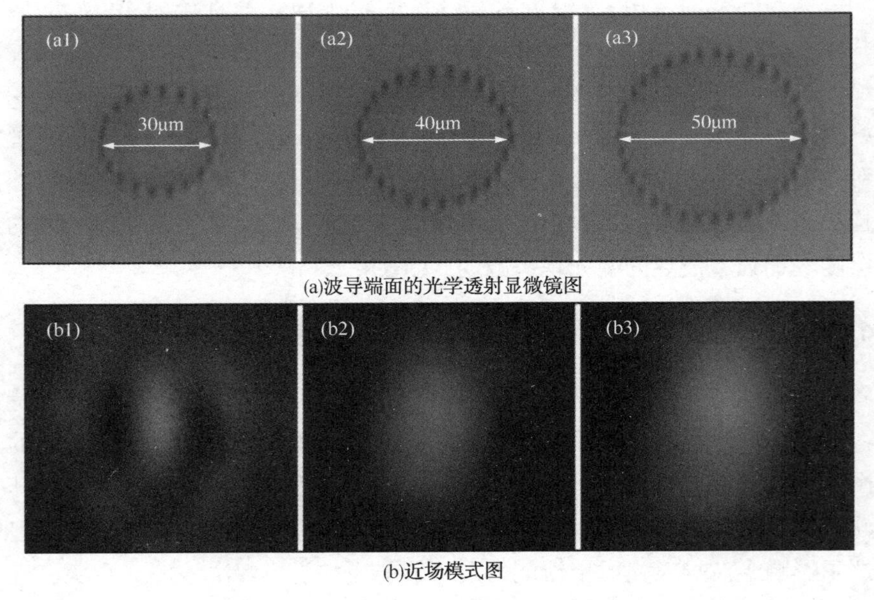

(a)波导端面的光学透射显微镜图

(b)近场模式图

图 6.26 纵向刻写不同直径的压低包层波导

6.6.3　激光写入参数对压低包层管状光波导性能的影响

根据以上实验可知，由一系列激光写入轨迹所构成的压低包层管状波导的导光性能与构成波导的轨迹数量、波导直径以及轨迹折射率改变量密切相关。因此，适当地增加包层中轨迹数量可以避免光在传输时发生泄漏。本实验分别以40、55和70根轨迹构成直径为30μm、40μm和50μm的压低包层管状光波导。图6.27(a)所示为不同直径压低包层管状波导的横截面。图6.27(b)~图6.27(e)所示为写入功率分别为70mW、90mW、110mW和200mW时所制备的直径为30μm、40μm和50μm的压低包层管状光波导在注入980nm激光后波导端面的近场模式图。

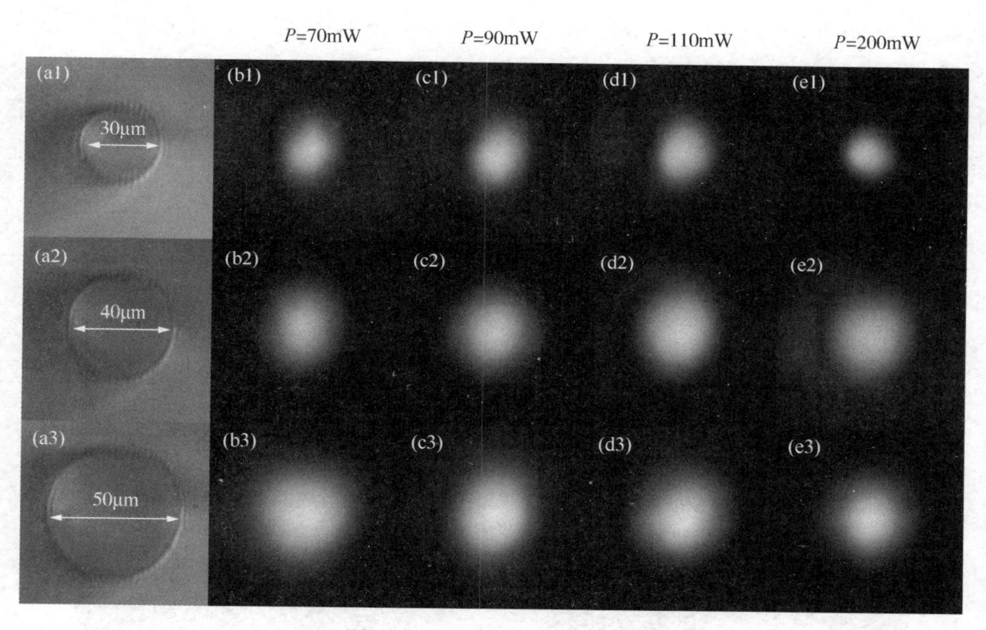

图6.27　压低包层管状波导

注：(a)波导横截面的白光透射显微镜图；(b)~(e)不同写入功率和截面直径的波导近场模式图。

从图中可以看出，随着写入光功率的增加，包层和纤芯之间的折射率调制量差增大，增强了波导对光的限制能力。当波导直径为30μm时，不同写入功率下的波导都表现为单模传输。当波导直径增加到40μm时，管状波导不仅可以传输单模还可以传输高阶模。当波导直径增大到50μm时，管状波导支持传输叠加混合模场。以上结果表明，调制波导直径和折射率可以直接调节波导的归一化频率，选择性地使光波导支持单模、双模以及高阶模传输。因此，压低包层管状光波导可被应用于高功率和紧凑型集成光学系统。

6.6.4 COMSOL 仿真压低包层波导的近场模图

Comsol Multiphysics 有限元法多物理场耦合建模及数值分析在促进各领域的研究和应用方向都起到了积极的作用。本实验使用波动光学模块来模拟线性和非线性光学介质的电磁波传输。

刻写功率为 110mW、波导直径为 50μm 的压低包层管状光波导在注入 980nm 激光后可以得到该波导的近场模式图。对于支持高阶模传输的光波导而言，激光传输模式与注入波导中激光的位置有关。图 6.28(a) 分别表示光波导 TEM_{01}、TEM_{11} 和 TEM_{21} 的模场分布图，图 6.28(b) 表示使用有限元方法模拟的波导内部传输激光的能量分布图。根据实验条件，模拟参数设置如下：纤芯直径设置为 50μm，包层厚度设置为 2μm，PTR 玻璃的折射率设置为 1.49。由于热处理后飞秒激光聚焦于 PTR 玻璃内部引起的折射率调制量一般在 10^{-4} 量级。因此，在本次仿真中，我们将包层的折射率降低量设置为 3.4×10^{-4}。从模式分布图可以推断，模拟结果与实验结果保持一致。

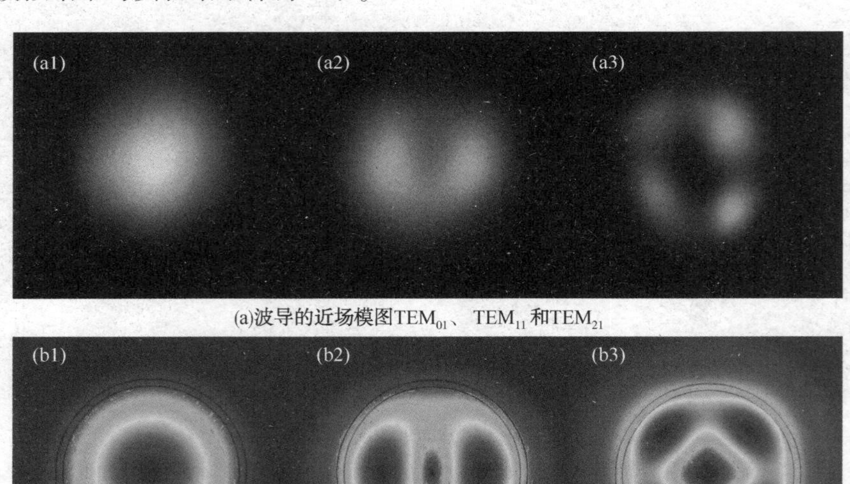

(a)波导的近场模图TEM_{01}、TEM_{11} 和TEM_{21}

(b)利用Comsol模拟的近场模式图

图 6.28 压低包层管状波导

6.6.5 热处理对压低包层管状光波导的影响

由于纵向刻写的压低包层轨迹横截面具有圆对称结构，因此热处理前后管状包层光波导横截面的形貌保持一致，如图 6.29(a)所示。如图 6.29(b)所示，对于写入光功率为 110mW、波导直径为 50μm 的压低包层光波导而言，该波导支持传输具有对称高斯分布的大模场。将 980nm 的激光耦合至压低包层管状光波导后分别测量波导输入端和输出端的激光功率，可推算出波导的总损耗。实验结果表明，退火前后管状波导的传输损耗分别约为 1.53dB/cm 和 1.39dB/cm，该总损耗包括传输损耗和耦合损耗。另外，热处理后聚焦区域内生长的纳米结晶颗粒有利于增大压低包层波导的有效折射率差，从而在加强波导对光的束缚能力的同时减少损耗。设定波导近场模的模场直径为模式图中能量分布最大值的 $1/e^2$ 处的长度，如图 6.29(d)所示。经过热处理后，该波导的模场直径从 40.67μm 减小到 35.52μm，证实了热处理可以增强该波导对传输光的约束能力。此外，利用正交偏振显微镜可以观察管状光波导在热处理前后波导端面处的应力分布情况。如图 6.29(c)所示，当管状光波导未经热处理时，波导端面附近存在双折射现象。产生该现象的主要原因是，PTR 玻璃网络结构在飞秒激光的作用下发生体积膨胀，从而在聚焦区域周围产生应力双折射现象。在各种不同光学材料中，比如玻璃或晶体，微结构的应力尺度大约在 MPa 到 GPa 量级，具体取决于激光的聚焦条件。然而，该应力表现为不均匀分布，通过后期热处理可以消除该应力作用。

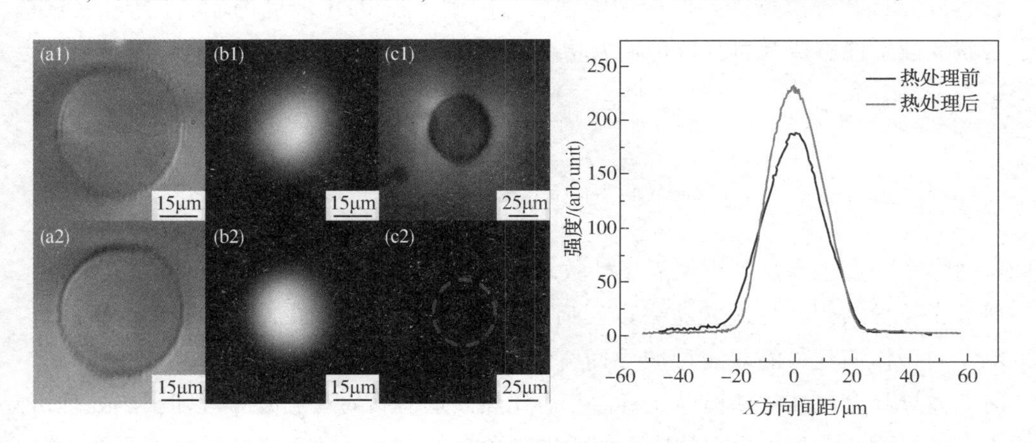

图 6.29　压低包层管状波导

注：(a)波导横截面白光透射显微镜图；(b)波导近场模式图；(c)波导的双折射图；(d)波导横向上的模场分布曲线；(1)退火前；(2)退火后。

另外，为了研究热处理时间对纵向刻写的管状包层波导发散角以及折射率差的影响，通过反复多次热处理可以分别得到管状包层光波导的发散角。具体测试过程如下：首先将980nm激光注入管状包层光波导内，然后在波导输出端测试输出激光功率，同时在波导注入端前放置一个小孔光阑并且将光阑由最小慢慢放大；在光阑改变的过程中，观察波导输出端光功率的改变情况，直到输出端的光功率不再发生变化。将小孔光阑半径 a 除以位于波导前端的聚焦物镜的焦距 f，就可以近似计算出该波导的收光角，即波导的发散角 θ。通过测试可知，经过第一次热处理后，光波导的发散角为3.58°；经过第二次热处理后，光波导的发散角增加到5.37°。通过该数据可以推导出该波导的数值孔径($NA=n\cdot\sin\theta$)、折射率差($\Delta n=\sin^2\theta/2n$，n 表示PTR玻璃本身的折射率)以及归一化频率($V=2\pi a\cdot n\cdot\sin\theta/\lambda$)。经计算可知，第二次热处理后，该压低包层管状光波导的数值孔径从0.063增加至0.094，波导折射率差从 8.1×10^{-4} 增加至 1.8×10^{-3}，波导的归一化频率从5.57增加至8.31。由于NaF纳米结晶颗粒的尺寸受原始玻璃基质中含量的限制，所以经过第三次热处理后，波导的发散角不再继续增大。根据以上实验结果可知，在PTR玻璃中纵向刻写的压低包层管状光波导对传输光具有良好的约束能力。相较于横向刻写的双线型光波导，纵向刻写的管状光波导具有较好的端面对称性和较大的有效模场面积。另外，热处理可以消除飞秒激光诱导的不均匀应力分布，增加折射率变化量、波导的发散角以及归一化频率，使压低包层管状波导具有大模场、多模传输的性质。因此，在PTR玻璃内制备的压低包层管状光波导能够成为可高效传输大功率及大模场的光波导。

6.7 本章小结

本章内容主要是利用聚焦飞秒激光首先在PTR玻璃中制备了双线型光波导，研究了波导结构、写入光功率以及后期热处理对波导端面结构和导光特性的影响。对于横向刻写的双线型波导而言，当双线间距为30μm、写入功率为50mW时，波导具有最佳的单模导光特性。对比热处理前后的双线波导可知，热处理可以有效消除轨迹附近存在的应力双折射现象，但也会破坏双线波导的端面结构并严重影响其导光模式。此外，通过控制激光脉冲频率和刻写速度，在PTR玻璃中制备了不同周期的逐点式布拉格光栅，分别研究了激光写入功率和脉冲宽度对逐点式轨迹折射率的调制量，并且制备了双线型波导布拉格光栅。实验结果表明，当写入脉冲频率为100Hz、刻写速度为156. 04μm/s、激光脉宽为3ps、写入光功率为150mW时所制备的长度为6. 5mm的波导布拉格光栅对光谱的调制量为3dB。在PTR玻璃中制备了压低包层管状光波导，并研究了刻写方式、写入光功率、波导结构以及后期热处理对波导端面结构和导光特性的影响。实验结果表明，纵向刻写的压低包层管状波导具有较好的光限制能力以及导光特性。当包层光波导直径小于30μm时，波导为单模导光。增大波导直径可使其传输高阶模式光，且仿真结果与实验结果保持一致。热处理可以有效消除轨迹附近存在的不均匀应力双折射现象，增加波导的折射率调制量、发散角以及归一化频率。这些重要参数可以用来判断波导的质量、控制波导内的模式分布，并且通过优化波导结构可用于传输大模场激光和长波长激光。

第 7 章

超快激光场下Nd-PTR玻璃的光化学响应特性及应用研究

7.1 引　　言

掺杂稀土离子的 PTR 玻璃在具备光热敏折变特性的前提下，同时拥有激光介质的增益特性，具有特定的光谱发光和激光性能。利用超快激光微加工技术有望实现在单片 PTR 玻璃上集成腔镜、激光介质、布拉格光栅或可饱和吸收体等一体化固体激光器的制备。本章主要研究 Nd-PTR 玻璃在超快激光作用下的非线性光热敏特性。利用超快激光对 Nd-PTR 玻璃折射率的调制特性，在玻璃内部实现压低包层管状和双线型光波导的制备。基于超快激光诱导 Nd-PTR 玻璃产生的银纳米颗粒，作为可饱和吸收体在 Nd：YVO_4激光器中实现被动调 Q 激光输出。

7.2 超快激光诱导 Nd-PTR 玻璃非线性光热敏特性

7.2.1 材料制备与系统搭建

掺钕光热敏折变(Nd-PTR)玻璃的组成为：SiO_2 70，Na_2O 12，$Al_2O_3$5，ZnO 5，$La_2O_3$1，NaF 4，KBr 1，$CeO_2$0.02，Ag_2O 0.01，$SnO_2$0.02，$Sb_2O_3$0.08，Nd_2O_3 1.87(mol%)。采用与 PTR 玻璃相同的熔融淬熔法制备了 Nd-PTR 玻璃。根据实验要求，将材料加工为 10mm×10mm×2mm 尺寸，并对样品进行六面抛光以满足后续实验需求。原始 Nd-PTR 玻璃的 DSC 测试结果如图 7.1 所示，转变温度为 530.4℃，高于常规 PTR 玻璃的转变温度(T_g=509.7℃)。

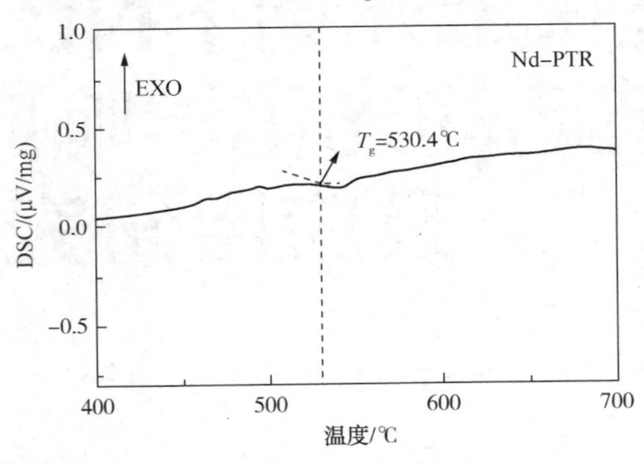

图 7.1　Nd-PTR 玻璃的 DSC 曲线与转变温度 T_g

Nd-PTR 玻璃在 200~1200nm 波长范围内的透射率光谱及相应的吸收光谱如图 7.2 所示。从图中可以看出，掺杂 Nd^{3+} 后的 PTR 玻璃除了 305nm 处 Ce^{3+} 对紫外光的吸收外，还在可见光波段及近红外波段多处具有明显吸收。其中，中心波长位于 430nm、474nm、528nm、684nm 及 879nm 的较弱吸收峰分别对应于 Nd^{3+} 从基态 $^4I_{9/2}$ 到激发态 $(^4D_{3/2}+^4D_{5/2}+^2I_{11/2}+^4D_{1/2}+^2L_{15/2})$、$(^2P_{1/2}+^2D_{5/2})$、$(^4G_{1/2}+^2D_{3/2}+^2G_{9/2}+^2K_{15/2})$、$(^2G_{7/2}+^4G_{5/2}+^2H_{11/2})$ 和 $^2F_{3/2}$ 的跃迁；而中心波长位于 585nm、741nm、806nm 的较强吸收峰则对应于 Nd^{3+} 从基态 $^4I_{9/2}$ 到激发态 $(^4G_{9/2}+^4G_{7/2}+^2K_{13/2})$、$(^4F_{7/2}+^4S_{3/2})$ 及 $(^2H_{9/2}+^4F_{5/2})$ 的跃迁。在波长 806nm 处，Nd-PTR 玻璃的吸收系数约为 $3.11cm^{-1}$，带宽约为 16nm，因此选用该波长的激光器可作为泵浦源，有望实现 Nd-PTR 玻璃的激光输出。

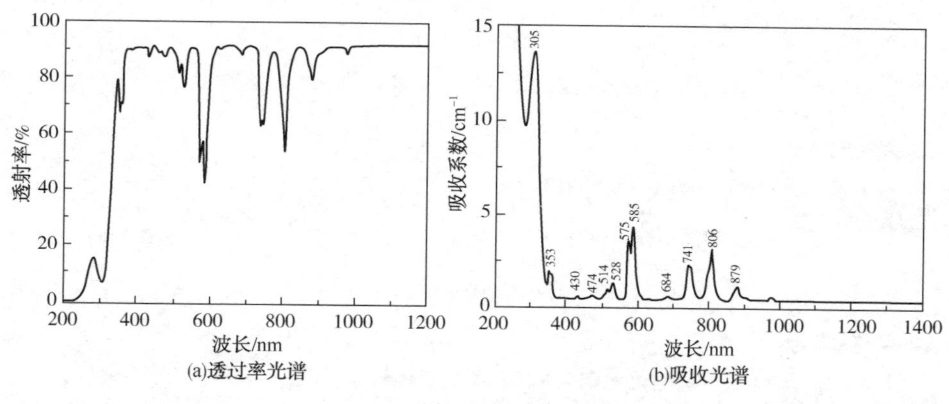

图 7.2　Nd-PTR 玻璃

在波长 806nm 的 LD 激发下，Nd-PTR 玻璃出现荧光发射现象。利用光纤光谱仪记录荧光信号，得到的可见-近红外波段荧光发射光谱如图 7.3 所示。从图中可以看出，存在两个明显的荧光发射峰，其中 880nm 处强度较高且锐利的荧光发射峰对应于 Nd^{3+} 从上能级 $^4F_{3/2}$ 到下能级 $^4I_{9/2}$ 的跃迁，而 1056nm 处的荧光发射峰则对应于 Nd^{3+} 从上能级 $^4F_{3/2}$ 到下能级 $^4I_{13/2}$ 的跃迁。

利用中心波长 1030nm、重复频率 100kHz 和脉冲宽度 220fs 的 Yb：KGW 飞秒激光器作为刻写光源，分别采用高斯光束和贝塞尔光束在 Nd-PTR 玻璃内部进行直写。对于高斯光束直写技术，将加工好的样品固定在三维移动平台上，利用 20×聚焦物镜($NA=0.42$)将激光光束汇聚到样品面下 150μm 处，通过计算机控制位移平台，最终在样品内部实现任意轨迹的刻写。对于贝塞尔光束直写技术，利用一个底角为 0.5°的轴棱锥产生零阶贝塞尔光束，并利用凸透镜($f_1=300$mm)和聚焦物镜(20×，$NA=0.26$)构成的 $4f$ 系统将贝塞尔光束进行缩束后，直接聚焦到玻璃样品内部。实验装置示意图分别如图 7. 4(a)和图 7. 4(b)所示。

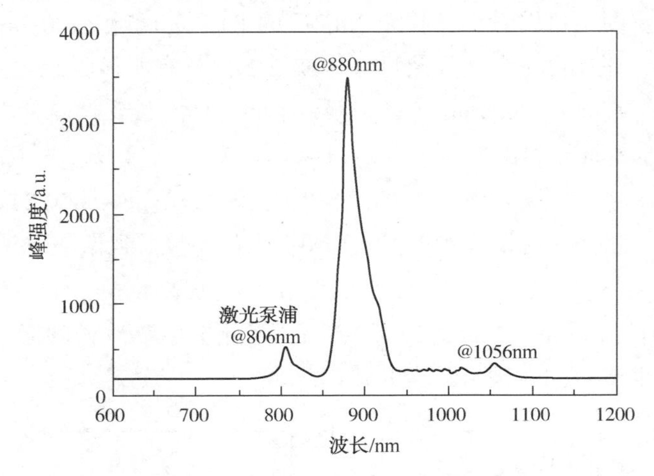

图 7. 3　806nm 激发下 Nd-PTR 玻璃的荧光光谱图

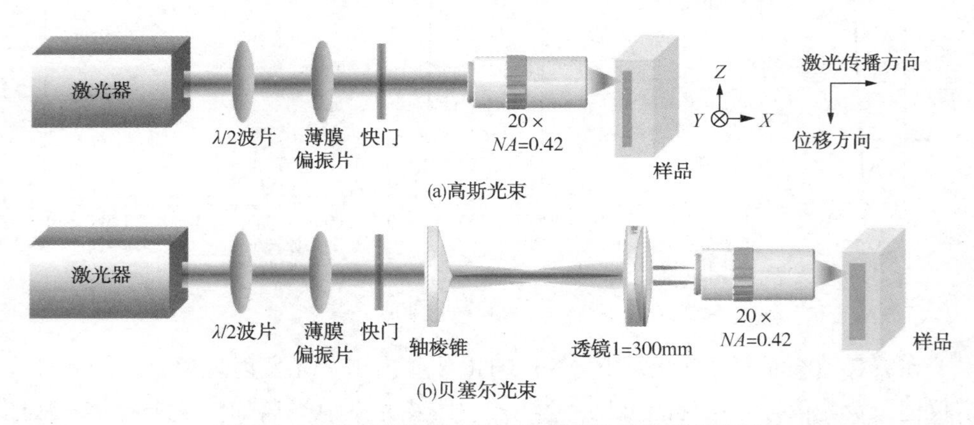

图 7. 4　超快激光曝光 Nd-PTR 玻璃实验装置示意图

7. 2. 2　超快激光诱导 Nd-PTR 玻璃非线性光热敏结晶的研究

图 7. 5 所示为当样品移动速度为 500μm/s 时，不同单脉冲能量(1μJ，3μJ，6μJ)下，聚焦高斯光束在 PTR 和 Nd-PTR 玻璃样品内部制备的刻线轨迹间距为 5μm 的轨迹相位对比图。从图中可以看出，飞秒高斯激光作用区域内两种样品都呈现出负的折射率变化(白色轨迹)。这是由于高斯光束具有较高的峰值功率密度，从而导致样品的玻璃网格结构稀疏化；且随着单脉冲能量的增大，样品折射率的调制量也呈现出增加的趋势。在相同单脉冲能量下，飞秒激光对常规 PTR 玻璃的折射率调制量大于对 Nd-PTR 玻璃的折射率调制量。

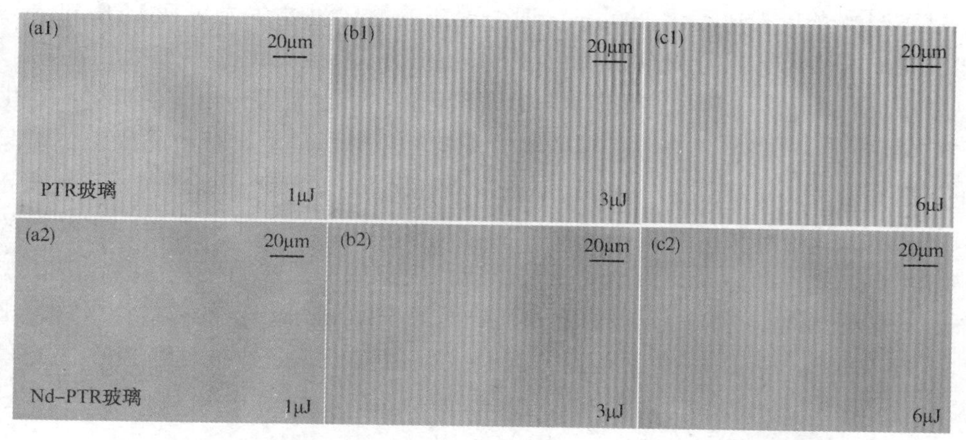

图 7.5　不同脉冲能量下飞秒激光高斯光束在样品内的轨迹相位对比图

图 7.6 为不同单脉冲能量下飞秒激光高斯光束在样品内形成的成丝轨迹相位对比图。从图中可以看出，在一定范围内，随着单脉冲能量的增加，样品内的成丝长度也增加。当单脉冲能量进一步增大时，飞秒激光在样品内部诱导的非线性效应也进一步增强，从而破坏样品内部形成的聚焦成丝结构。对于常规 PTR 玻璃而言，其聚焦成丝长度较短，激光作用区域较为集中，因此产生的折射率调制量也相对较强，当单脉冲能量为 3μJ 时，成丝结构仍较为均匀。对于 Nd-PTR 玻璃而言，当写入光功率为 1μJ 时，成丝轨迹就出现了自聚焦和自散焦现象。该现象表明，掺杂 Nd^{3+} 的 PTR 玻璃非线性效应明显增强。

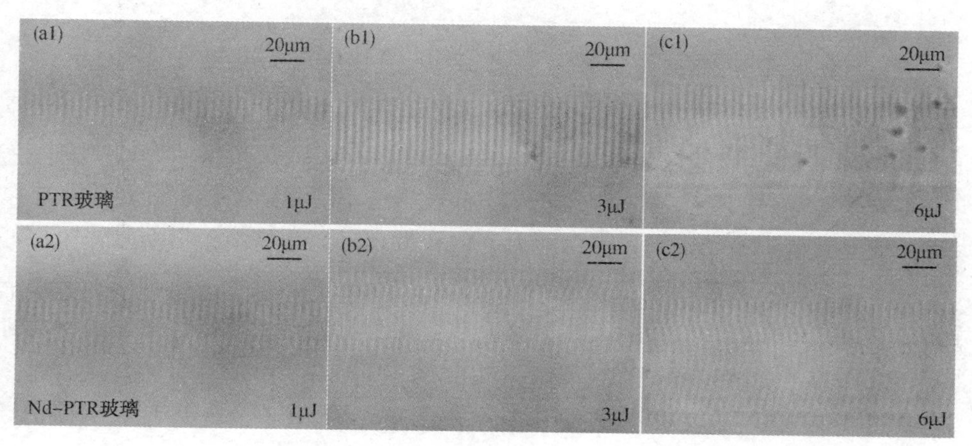

图 7.6　不同脉冲能量下飞秒激光高斯光束在样品内成丝的相位对比图

为了对比研究空间光能量密度分布对 PTR 和 Nd-PTR 玻璃样品折射率调制量的影响，本实验利用底角为 0.5°的轴棱锥将高斯光束转变为零阶贝塞尔光束，测试了当激光写入速度为200μm/s时，聚焦的零阶贝塞尔光束在PTR和Nd-PTR玻璃样品内部制备的刻线间距为5μm的轨迹相位对比图，如图7.7所示。从图中可以看出，飞秒贝塞尔激光作用区域内两种样品都呈现出正的折射率变化(黑色轨迹)，这与上一章节得到的实验现象相一致，是由于材料的致密化引起的折射率增大。同时，玻璃的折射率调制量随脉冲能量的增加而增大，在相同脉冲能量下，飞秒贝塞尔激光对PTR玻璃的折射率调制量大于对Nd-PTR玻璃的调制量，该现象与高斯光束相一致。形成该现象的主要原因是：从吸收光谱上看，掺杂稀土离子Nd^{3+}可以增强超快激光诱导PTR玻璃产生的非线性效应，出现了自散焦现象，从而使激光光斑能量大幅度降低，导致玻璃折射率调制量减少。

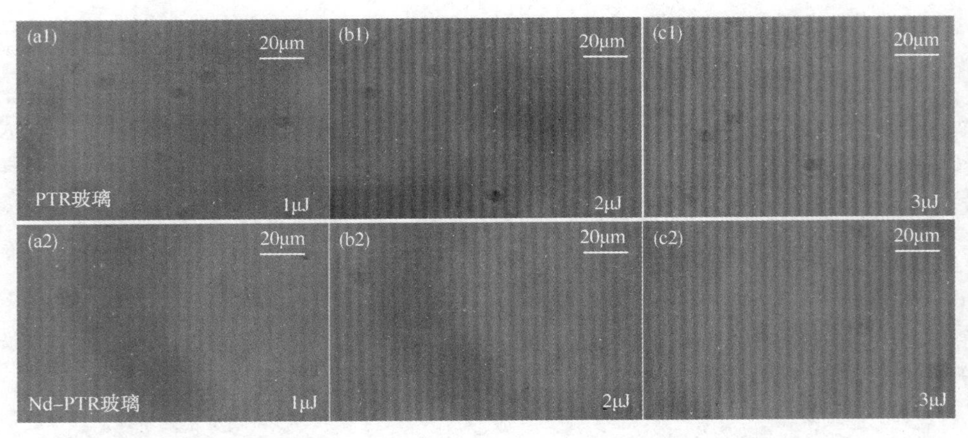

图7.7　不同脉冲能量下飞秒激光贝塞尔光束在样品内的轨迹相位对比图

图7.8表示激光脉冲能量为3μJ时，零阶贝塞尔光束在PTR和Nd-PTR玻璃面下150μm处所形成的成丝轨迹图。从图中可以看出，在光传播方向上，零阶贝塞尔光束对样品的折射率调制量较小，成丝轨迹不清楚。当脉冲能量进一步增大时，成丝轨迹则会出现周期性的能量强弱交替现象。这是由于贝塞尔光束中心光斑能量过高时，会产生克尔自聚焦效应，随后大量的多光子吸收现象又会出现导致能量衰减的非线性效应，而零阶贝塞尔光束具有的自恢复特性使其再次增加能量，从而重复上述过程，直至能量消耗殆尽。

通过以上分析可知，高斯光束和零阶贝塞尔光束均可在Nd-PTR玻璃内诱导产生非线性效应，通过控制写入激光的空间光能量密度可实现对Nd-PTR玻璃样品折射率的负向或正向调制。在一定脉冲能量范围内，折射率调制量随着脉冲能量的增加而增加。相比于高斯光束，通过控制4*f*系统的参数，贝塞尔光束可以在样品内产生几百微米甚至几毫米长的成丝轨迹，这对制备一体化单片激光器有着不可比拟的优势。

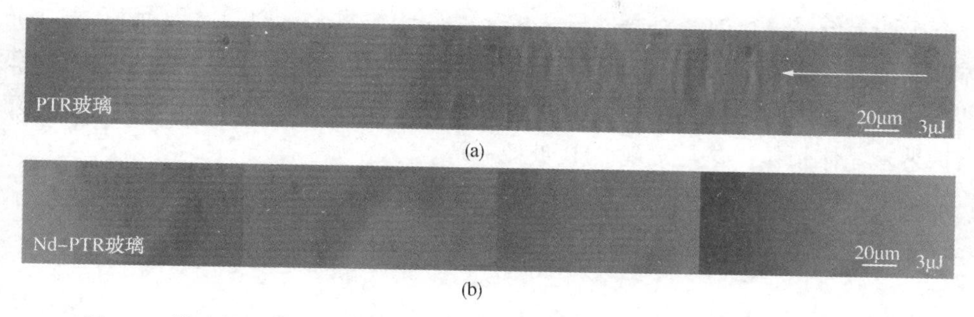

图 7.8 脉冲能量为 3μJ 时，飞秒激光贝塞尔光束在样品内成丝的相位对比图

将上述采用零阶贝塞尔光束曝光后的 Nd-PTR 玻璃样品进行热处理，首先将样品以 0.7℃/min 的速率从室温升至 490℃ 后放置 5h；然后再以 0.9℃/min 的速率继续升温至结晶温度 560℃ 保持 3h；随后以 0.5℃/min 的速率降温至室温。图 7.9(a)所示为曝光和热处理后 Nd-PTR 玻璃的透过率光谱。从图中可以看出，随着脉冲能量的增加，样品在 330～730nm 波长范围内透过率逐渐降低，当脉冲能量为 3μJ 时，透过率降到最低。对应的吸收光谱如图 7.9(b)所示。飞秒激光和热处理导致在中心波长 $\lambda=421\text{nm}(E=2.95\text{eV})$ 处出现明显的银纳米颗粒对应的吸收峰，该处吸收峰面积随着脉冲能量的增加而增加，代表银纳米颗粒的浓度随脉冲能量的增加而增大。

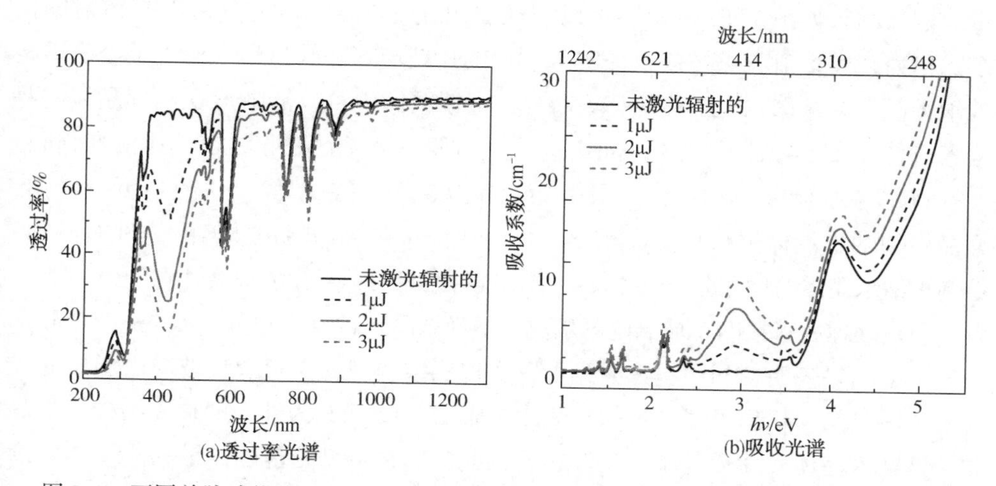

图 7.9 不同单脉冲能量下激光曝光和热处理后 Nd-PTR 玻璃的透过率光谱及吸收光谱

为了分析 Nd-PTR 玻璃中析出的晶相，对飞秒零阶贝塞尔光束曝光和热处理后的 Nd-PTR 玻璃样品粉末进行了 XRD 测试，结果如图 7.10 所示。XRD 图谱中有三个明显的晶体衍射峰。通过与 PDF 卡片物相检索，它们与立方形 Fm-3m 晶体结构的 NaF 晶相(ICSDNo. 89-2956)相对应。该结果表明，飞秒激光曝光和热处理后的 Nd-PTR 玻璃内部生成了以银纳米颗粒为成核中心、以 NaF 为壳的核壳结构纳米晶体颗粒，这与常规 PTR 玻璃一致。

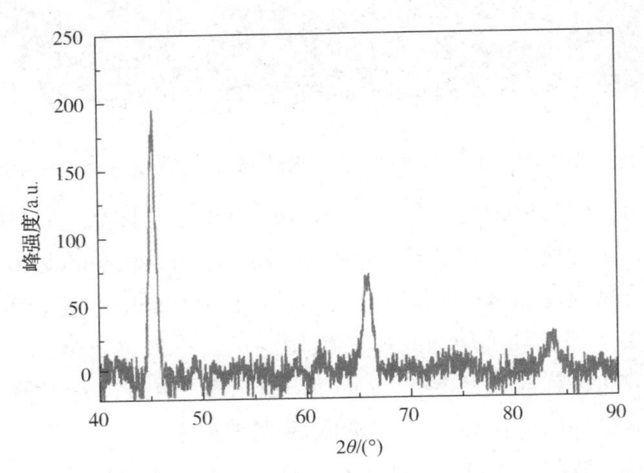

图 7.10　飞秒激光曝光和热处理后 Nd-PTR 玻璃的 XRD 图谱

为了表征退火后 Nd-PTR 玻璃样品内部的微观结构，对样品进行了 TEM 测试，测试结果如图 7.11 所示。可以明显看出，图 7.11(a)的选区电子衍射图由多晶衍射环和衍射斑点构成，证实了 Nd-PTR 玻璃在实验过程中形成了多晶结构的纳米晶体。从图 7.11(b)的亮场高分辨电镜图像中可以清晰地观察到晶体的晶格条纹，其条纹间距为 0.231nm，这与立方形 NaF 晶体的(200)晶面的面间距[$d(200)=0.2317$nm]相吻合。图 7.11(c)为暗场 TEM 图像，从图中可以看出，样品中的纳米晶体近似球形，密集、均匀地分布在 Nd-PTR 玻璃内。图 7.11(d)绘制了纳米晶体的尺寸分布直方图，根据统计结果可以看出，飞秒零阶贝塞尔光束曝光和热处理后 Nd-PTR 玻璃内部生成的纳米结晶颗粒尺寸分布在 2~6nm 范围。

以上结果表明，利用超快激光可以实现三维调制的 Nd-PTR 玻璃内局域非线性光热敏结晶，析出以银纳米颗粒为成核中心、以 NaF 为外壳的核壳结构纳米晶体。该纳米晶体尺寸远远小于光波长，因此玻璃在可见光范围内散射小、透明度高；并且纳米晶体包裹在玻璃内部不会发生团聚现象，同时避免了与外界环境接触，物化性质稳定，寿命长。这为 Nd-PTR 玻璃转变为高性能的激光玻璃陶瓷提供了有力的技术支撑，对实现 PTR 玻璃的功能扩展、集成化一体固体激光器的设计奠定了坚实的基础。

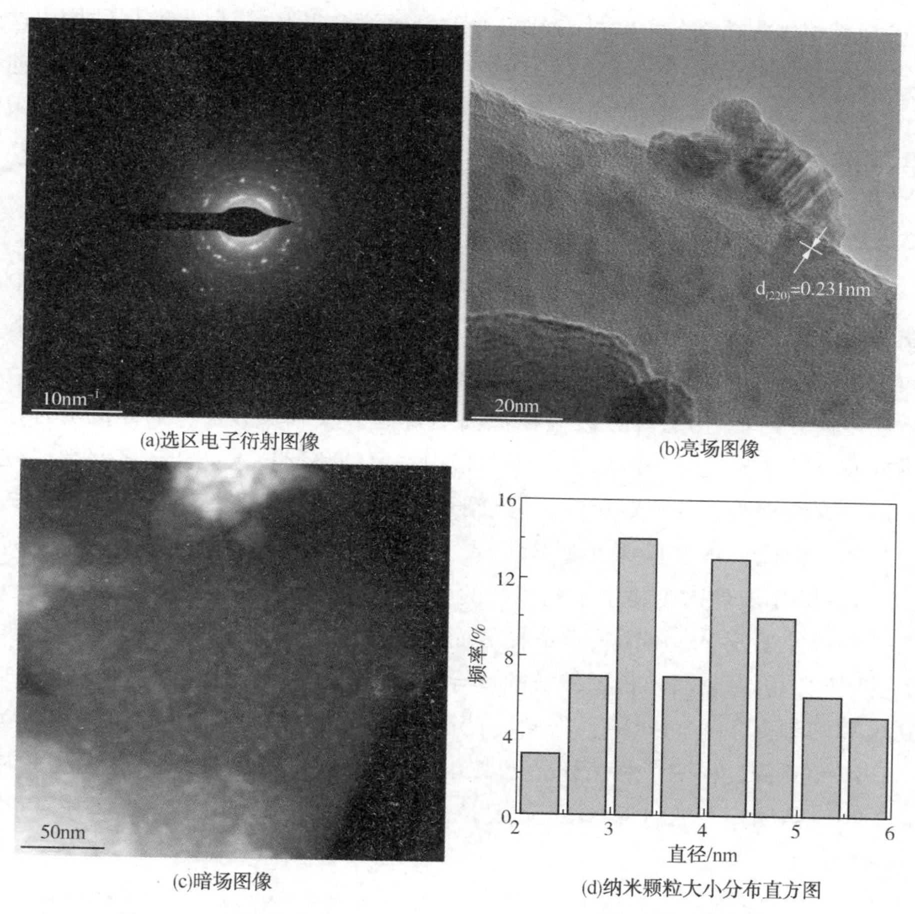

(a)选区电子衍射图像　(b)亮场图像

(c)暗场图像　(d)纳米颗粒大小分布直方图

图 7.11　飞秒激光曝光和热处理后 Nd-PTR 玻璃的透射电镜图像

7.3　超快激光直写 Nd-PTR 玻璃光波导的实验研究

稀土掺杂的 PTR 玻璃作为一种新型的多功能材料，采用传统紫外曝光技术在玻璃内部制备各种光学元件已经成为当下研究热点。然而，这种制备方式依赖于 PTR 玻璃在紫外光波段的线性吸收，因此限制了该技术只具备加工一维或二维的规则结构。超快激光光刻波导则是一种利用飞秒激光与物质相互作用时产生的非线性效应，诱导材料内部产生折射率调制的非接触式波导制备技术，可以在材料内部加工出任意三维波导结构。实验证明了飞秒高斯激光可以对 Nd-PTR 玻璃的折射率产生负向调制且其折射率调制量较大。因此，本小节利用超快激光在 Nd-PTR 玻璃内成功制备了Ⅱ类-双线型光波导结构和Ⅲ类-包层光波导结构。这两种光波导结构的特点是，激光聚焦区域在透明材料内部诱导的折射率改变为负向调制，轨迹本身不导光，而波导则位于刻写轨迹的侧边；利用激光作用区对光的限制作用以及作用区附近存在的应力作用从而实现导光区域内光的低损耗传输。

7.3.1 系统搭建

实验利用重复频率为 100kHz，脉冲宽度为 220fs 的超短激光脉冲在 Nd-PTR 玻璃表面下 150μm 处分别刻写了压低包层管状光波导和双线型光波导，实验装置如图 7.12 所示。对于压低包层管状光波导，由于横向写入方式(样品移动方向与激光传播方向垂直)会导致波导横截面出现椭圆或者长方形，而非圆对称，进而影响波导的导光性能，因此一般需要采用一定的整形技术，如狭缝整形、柱透镜整形等方法来改善其圆对称性，但整形技术一般会导致光能量的损失，尤其是狭缝整形。因此，本实验采用纵向写入方式(样品移动方向与激光传播方向平行)在 Nd-PTR 玻璃内刻写了不同直径的压低包层管状波导，如图 7.12(a)所示。而对于双线型光波导，不需要考虑横截面的对称性，且横向刻写不受显微镜工作距离的限制，可以刻写出长度较长的波导，所以本实验采用横向刻写方式在 Nd-PTR 玻璃内刻写了不同间距、不同脉冲能量的双线型光波导，如图 7.12(b)所示。在波导制备过程中，利用样品正上方的相位显微镜可实现对刻写轨迹折射率变化的实时监测，并通过 CCD 进行记录，从而方便在实验过程中随时调整激光刻写参数等实验条件。

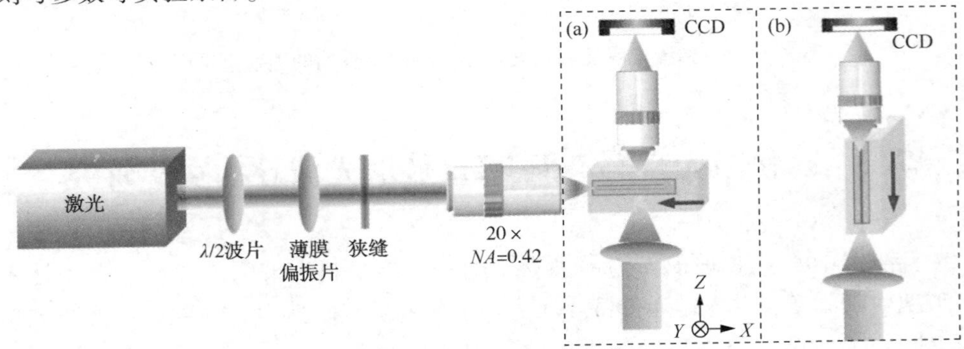

图 7.12 飞秒激光光刻波导实验装置示意图

注：(a)压低包层管状光波导；(b)双线型光波导。

7.3.2　压低包层管状光波导

图 7.13 所示为当刻写速度为 200μm/s，写入激光脉冲能量为 2μJ，刻写直径分别为 30μm、40μm 和 50μm 的压低包层管状光波导端面图，对应的轨迹数依次为 40 根、55 根和 70 根。图 7.13(a)为不同直径波导横截面的光学显微镜透射图。从图中可以看出，通过多次刻写，在 Nd-PTR 玻璃内形成了一个闭合的圆形包层结构。其中，波导管壁的颜色为深灰色，而整体图片背景色为浅灰色，这证明了管壁是不导光的。图 7.13(b)为波导横截面对应的 PCM 图。从图中可以看到，飞秒激光作用区域为白色，代表着折射率降低；同时可以看出，波导的横截面圆对称性良好，刻写轨迹周围也没有产生不均匀的作用痕迹。

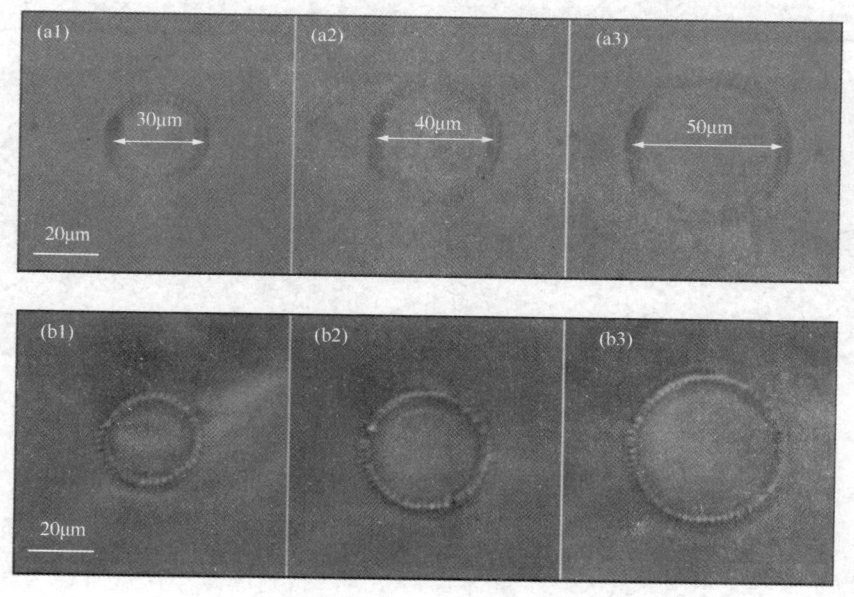

图 7.13　不同直径的压低包层管状光波导端面

注：(a)光学透射显微镜图；(b)相位对比图。

为了分析波导的导光性能，其近场模式测试采用波长为 976nm 的 LD 作为测试光源，利用 $f=18$mm 的非球面透镜将其耦合进波导的某一端，然后利用 5×的显微物镜将波导后端输出的近场模进行成像至 CCD 上，得到的近场模式图如图 7.14(a)所示。从图中可以看出，这种类型的波导工作原理是：基于刻写轨迹折射率降低，周边区域因应力作用产生折射率增量，从而依靠波导的中心位置进行光传输。当波导直径为 30μm 时，波导的近场模式为单模传输，且对称性、导光性良好；当波导直径增加到40μm时，出现了高阶模传输现象；继续增加直径会使波导的散射损耗变大，从而导光能力变弱。图7.14(b)为波导横截面在正交偏振显微镜下的双折射图。从图中可以看出，波导端面周围为白色，表示该区域存在应力双折射现象。

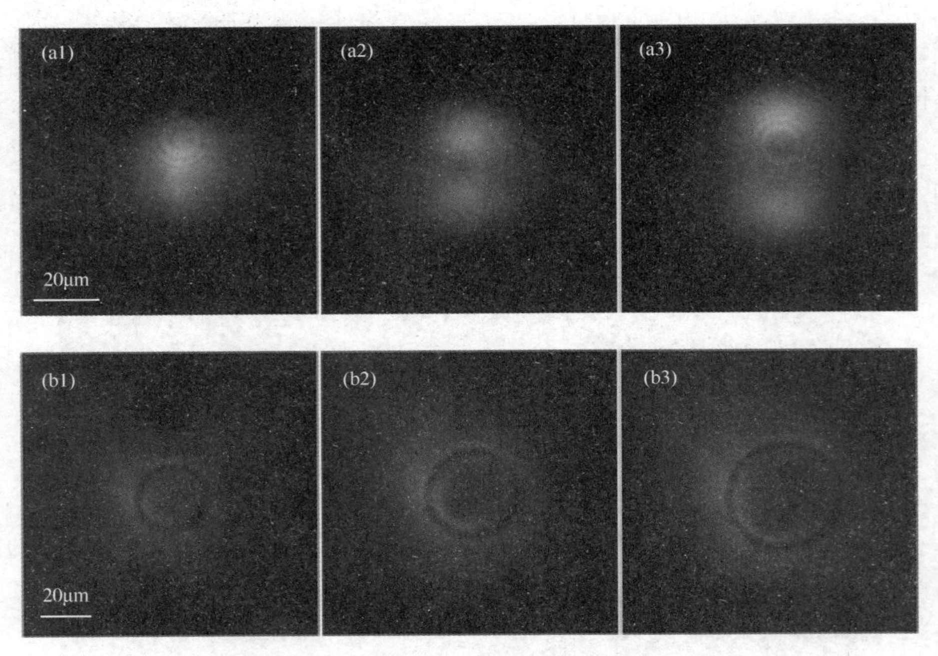

图7.14　不同直径的压低包层管状光波导

注：(a)近场模式图；(b)双折射图。

对于波导直径为30μm的单模传输压低包层管状波导，计算得到该波导的折射率分布如图7.15所示。该波导中心折射率最大增量为7×10^{-4}，飞秒激光刻写的轨迹折射率减小，其最大减少量为4.8×10^{-4}。折射率减小区域直径为30μm，与图7.14(a1)相一致。折射率减小的轨迹形成一个管壁壁垒，同时管内区域折射率增大，最终形成了类似于阶跃型光纤一样的折射率变化，从而可约束光在包层内进行传输。这种波导结构不仅支持制备圆形端面，还支持方形等不同形状的端面结构，同时该结构与其他光学元件的集成度更高。

7.3.3　双线型光波导

图7.16所示为当刻写速度为200μm/s，刻写长度为10mm，在不同单脉冲能量(3μJ、4μJ和5μJ)下分别制备了不同线间距(25μm、30μm、35μm和40μm)

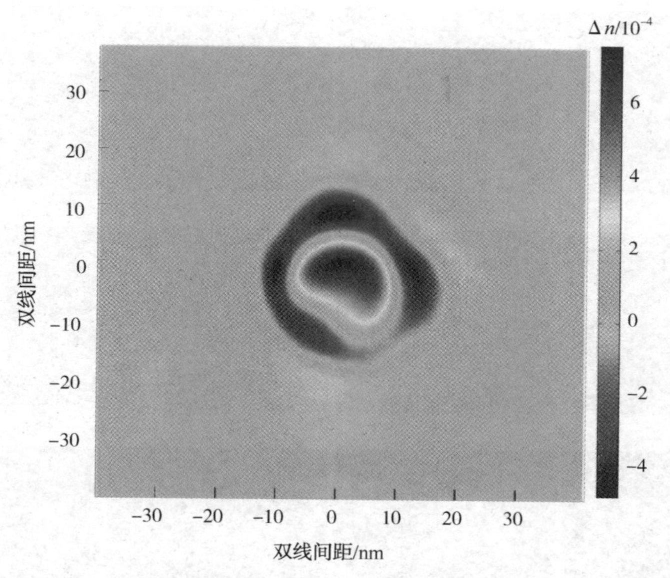

图 7.15　直径为 30μm 的压低包层管状光波导折射率分布

的双线型光波导测试图。当单脉冲能量为 4μJ 时，在非相干白光下拍摄了不同线间距的波导端面图，如图 7.16(a)所示。图 7.16(b)为对应的波导侧面相位对比图。双线型波导由两条相同参数的平行轨迹构成，轨迹在 PCM 下呈现出白色，说明激光作用区域折射率降低，区域周围则因为应力改变导致折射率增大，从而形成一个壁垒，使光在双线之间传播。

图 7.16(c)～图 7.16(e)为制备的双线型波导近场模式图。实验结果表明，当激光脉冲能量为 3μJ 时，飞秒激光可以对 Nd-PTR 玻璃的折射率产生负向调制，波导出现导光现象，但由于能量较小，因此折射率调制量较小，波导导光较弱。当脉冲能量增加到 4μJ，双线间距为 25μm 时，波导的导光能力逐渐变强，但由于线间距较窄，近场模式成矩形分布。此时，波导散射损耗明显，耦合效率较低。随着线间距的增大，该现象得到了明显改善，在模场面积增大的前提下，导光性能也逐渐变好。双线间距继续增大，波导导光性能会逐渐变差，这是因为双线间区域的应力变小导致折射率增加量减小，从而大大削弱了波导对激光的约束能力。当脉冲能量继续增加时，激光刻写轨迹形貌不规则化，波导散射损耗明显增加，导光性能开始变差。因此，通过控制激光脉冲能量和双线间距，可以在 Nd-PTR 玻璃内制备出导光性能较好的双线型波导。

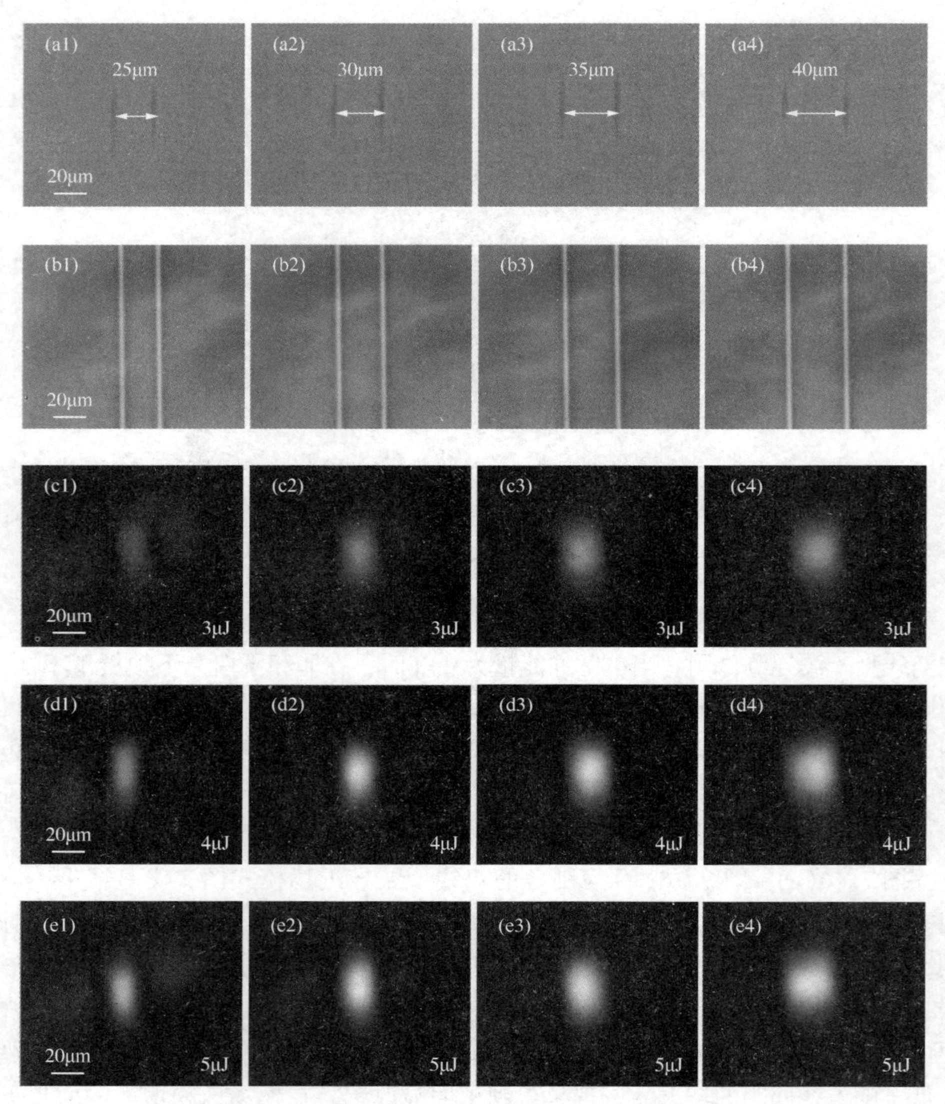

图 7.16　不同单脉冲能量和不同间距的双线型光波导

注：(a)端面光学透射显微镜图；(b)侧面相位对比图；(c)~(e)近场模式图。

通过以上波导参数对比，当脉冲能量窗口在 4~5μJ，双线间距为 40μm 时，可以制备出导光性能较好的单模导通双线型波导。图 7.17 为利用图 7.16(d4)所示的近场模式图反推得到的该波导折射率二维分布图。从图中可以看出，该波导双线之间中心区域折射率最大增量为 6×10^{-4}，双线轨迹折射率最大减少量为 1.17×10^{-3}。

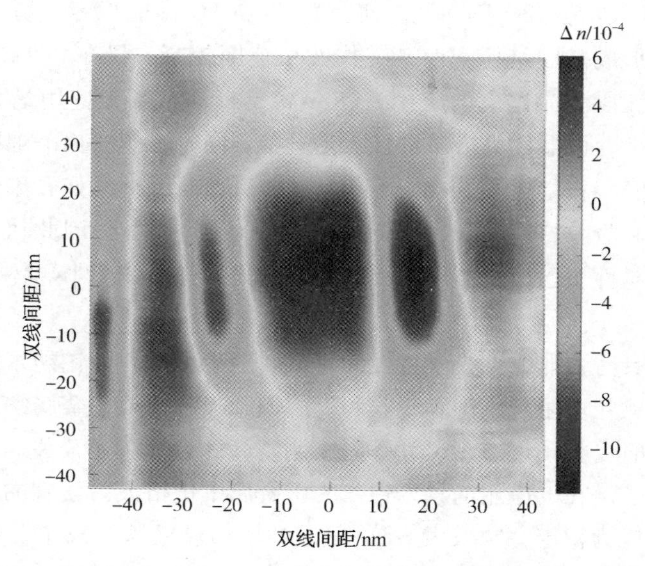

图 7.17　单脉冲能量为 4μJ、线间距为 40μm 的双线型光波导折射率分布

以上两种波导导光机理一致，仅结构不同，相对于Ⅰ类波导(单线型波导)，不仅制备更为简单，而且波导区域内的基底材料几乎不受激光的影响，从而可以使 Nd-PTR 玻璃的激光等性能完好保留。包层波导相对于双线型波导来说，导光限制能力更强，从而更有利于在后续光路中进行集成。同时，PTR 玻璃的非线性光热敏特性也给后续制备如类光子晶体等新型光波导结构提供了思路，通过腐蚀处理内部形成的纳米晶体，可制备出折射率差更大、限制光能力更强的光波导。

7.4　基于超快激光改性 PTR 玻璃的可饱和吸收器件开发

调 Q 和锁模是获得激光脉冲输出最常用的两种技术。其中，调 Q 技术是通过主动或被动的方式调节谐振腔内品质因数(Q 值)，获得 μs-ns 量级激光脉冲输出的一种方式。和需要外部驱动源的主动调 Q 技术相比，被动调 Q 技术无须任何有源调制器件，通过在腔内插入可饱和吸收体(Saturable absorber，SA)，利用其非线性可饱和吸收特性调节腔内损耗，使得 Q 值发生突变，可以实现调 Q 脉冲激光的输出。基于 SA 的被动调 Q 技术具有结构简单紧凑、易于集成、成本低廉等优势而被广泛采用。

SA 是被动调 Q 激光器中的核心部件。传统的可饱和吸收体有 Cr^{4+}：YAG、半导体可饱和吸收镜（SESAM）等。其中 Cr^{4+}：YAG 性能稳定，易与激光晶体进行键合，从而形成微腔结构，但其工作波长范围较窄，仅在 0.9~1.2μm，从而限制了在其他波段激光器中的应用。SESAM 是目前市场上应用最为广泛的一种可饱和吸收器件，该器件价格昂贵且工艺复杂，同时工作波长范围因为器件材料而受到限制。随着石墨提取方式的不断发展，新型二维材料如石墨烯、碳纳米管等在具备可饱和吸收特性的同时，还具有很宽的工作带宽，因此在光学器件上展现出极大的优越性，已成功应用在不同波长的光纤、固体、半导体以及波导激光器中。

近年来，具有强非线性光学特性的贵金属纳米颗粒，如铂纳米颗粒、金纳米颗粒及银纳米颗粒可呈现出饱和吸收和反向饱和吸收现象。金属纳米颗粒的非线性吸收过程同时受粒子形态、尺寸等因素调制，这为其在光开关、光限辐及光存储等领域提供了潜在的应用前景。银作为贵金属中价格最为便宜的一种，同时物理化学性质也极为稳定，常采用溶胶-凝胶法、微乳液法、离子交换结合热处理法及光诱导法等方法进行制备，并成功利用银纳米颗粒作为 SA 在激光器中实现了调 Q 脉冲激光输出。然而，大多数银纳米颗粒可饱和吸收体是基于纳米颗粒悬浮液或将纳米颗粒涂覆在基底上制备而成的，这种制备方式下的 SA 在环境敏感性、工作寿命以及抗氧化方面都存在严重缺陷。

本小节采用飞秒零阶贝塞尔激光诱导结合热处理的方法在 Nd-PTR 玻璃内制备出银纳米颗粒，将其封装在 PTR 玻璃内部，作为透射型 SA，在固体 Nd：YVO_4激光器中实现了被动调 Q 脉冲输出。

7.4.1 系统搭建

首先利用重复频率为 100kHz、脉冲宽度为 220fs、单脉冲能量为 3μJ 的飞秒零阶贝塞尔激光在厚度为 1mm 的 Nd-PTR 玻璃内进行刻写，制备出了一系列间隔为 1μm 的平行轨迹，其实验装置及贝塞尔参数与图 7.4(b)相一致。利用 PCM 观察发现，相邻刻写轨迹之间几乎无间隔，最终形成一个表面为 2mm×2mm 的诱导区域。为了制备基于银纳米颗粒的 SA，采用一步法对样品进行热处理，其参数为：以 5℃/min 的速度从室温升至成核温度 490℃下放置 5h，确保形成足够数量的银纳米颗粒后，再以 5℃/min 的速度从 490℃降温至 200℃，然后自然降温至室温后取出。

光学特性是 SA 的一项重要指标，利用分光光度计测量了含银纳米颗粒 Nd-PTR 玻璃的线性光学特性如图 7.18(a)所示。其透射率随波长的增加而改变，在可见光波段呈现出低的透光率及高的吸收，而在900nm波段以后表现为高的透过率。该现象有利于制备透射型SA并在固体激光器中应用。通过测量，波长1064nm处的线性透过率为86.3%，这有利于1.06μm激光的获得。此外，利用双通道探测器技术测试了该可饱和吸收体的非线性光学特性，测试装置如图7.18(b)中插图所示。采用中心波长为1030nm、脉冲宽度为225fs、重复频率为10kHz的飞秒激光器作为测试光源。采用分束器将激光束分为功率相等的两臂，其中一臂用于可饱和吸收体的非线性透过率测量，另外一臂则作为参考光束。通过可变光衰减器不断改变输入功率，并同时记录两个功率计的示数，得到在不同能量下SA的非线性透过率如图7.18(b)所示。利用下式对实验数据进行拟合：

$$T(I)=1-\Delta T\exp(-I/I_{sat})-T_{ns} \tag{7.1}$$

式中，$T(I)$为非线性透过率；ΔT为调制深度；I为入射光强；I_{sat}为饱和光强；T_{ns}为非线性饱和吸收。

拟合结果表明，该SA的调制深度和饱和强度分别为2.71%和338kW/cm^2。

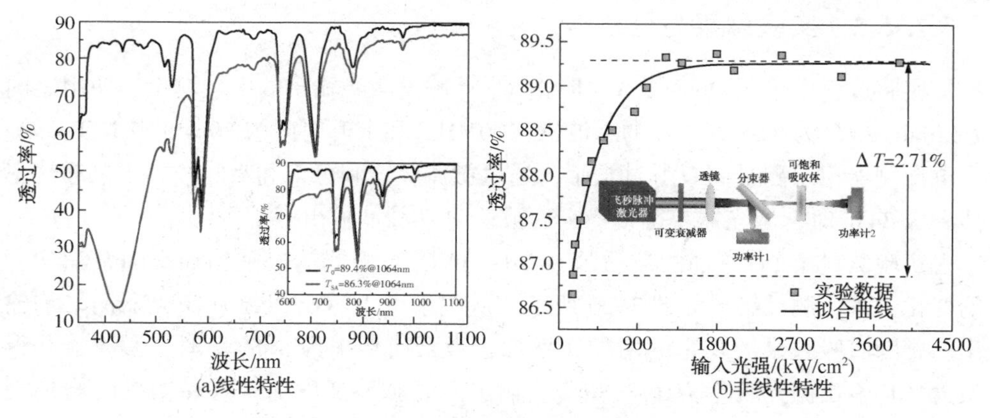

(a)线性特性　(b)非线性特性

图7.18　含银纳米颗粒Nd-PTR玻璃

将制备的SA插入Nd：YVO_4线性激光腔中，实验装置如图7.19所示。实验采用最大输出功率12W、中心波长808nm的光纤耦合LD作为泵浦源，光纤纤芯直径为100μm，数值孔径为0.22。尾纤输出的泵浦光经过1∶2的准直聚焦透镜后得到腰斑直径为200μm的泵浦光，透镜组耦合效率为95%。激光增益介质Nd：YVO_4中Nd^{3+}掺杂浓度为0.5at.%，几何尺寸为3mm×3mm×5mm，其中5mm为通光方向长度，晶体沿a轴切割，前端面镀有808nm的增透膜和1064nm的高反膜，后端面镀有1064nm的增透膜，激光晶体被固定安装在带有水冷的铜块中，水冷机温度设置为20℃。输出耦合镜(OC)透过率为70%，SA被放置在靠近输出耦合镜的腔内。

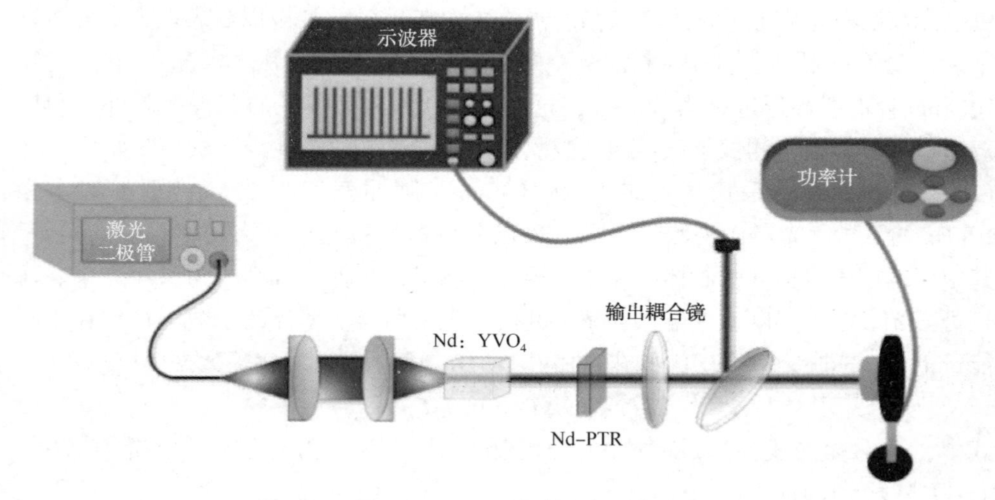

图 7.19　调 QNd：YVO_4激光器实验装置原理图

7.4.2　实验结果与分析

实验过程中采用 Ophir Novo Ⅱ型功率计测量激光输出的平均功率，使用美国 Tektronix 型号为 TDS 2024C 的示波器(200MHz)和上升时间为 70ps 的快速 InGaAs 光电探测器记录测量调 Q 脉冲波形。通过微调腔镜和可饱和吸收体，当泵浦功率达到 3.34W 时，激光器获得了稳定的被动调 Q 脉冲输出。

实验测量了 LD 泵浦的被动调 Q Nd：YVO_4激光器输出平均功率随泵浦功率的变化关系，测试结果如图 7.20 所示。从图中可以看出，调 Q 激光器的平均输出功率随着吸收泵浦功率的增加而增加，当泵浦功率为 5.59W 时，激光器获得最大平均输出激光功率为 173.8mW。输出激光脉冲宽度随着泵浦功率的增加而减小，变化范围为 427～205ns，重复频率则随着泵浦功率的增加而增加，从 184.6kHz 增加到 342.5kHz，如图 7.21(a)所示。单脉冲能量和脉冲峰值功率随泵浦功率的变化关系如图 7.21(b)所示。当泵浦功率为 5.59W 时，激光器获得最大单脉冲能量为 507nJ，最高峰值功率为 1.48W。图 7.21(c)表示泵浦功率分别为 3.34W、4.79W 和 5.59W 时的脉冲序列，对应的重复频率分别为 184.6kHz、257.3kHz 和 342.5kHz。图 7.21(d)为泵浦功率 5.59W 时，调 Q 激光器输出的单脉冲波形，此时脉冲宽度为 205ns。利用日本 YOKOGAW 的 AQ637OC 光谱仪测得的输出激光光谱如图 7.22 所示，调 Q 激光中心波长为 1064.41nm，带宽为 0.16nm。

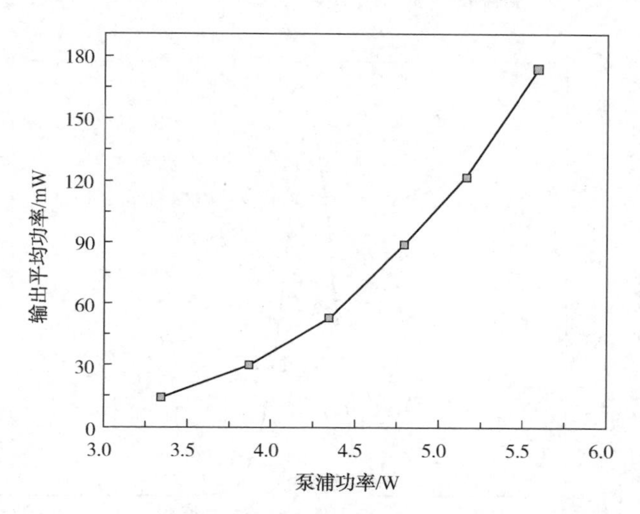

图 7.20　输出激光平均功率随泵浦功率的变化

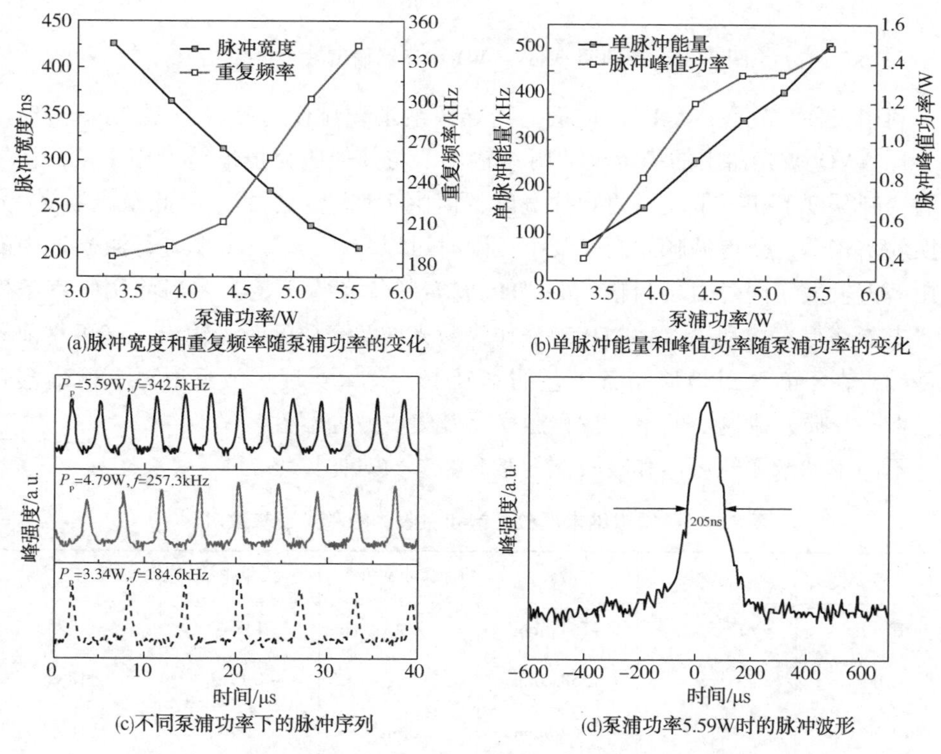

图 7.21　脉冲宽度、重复频率、单脉冲能量、峰值功率等与泵浦功率的关系

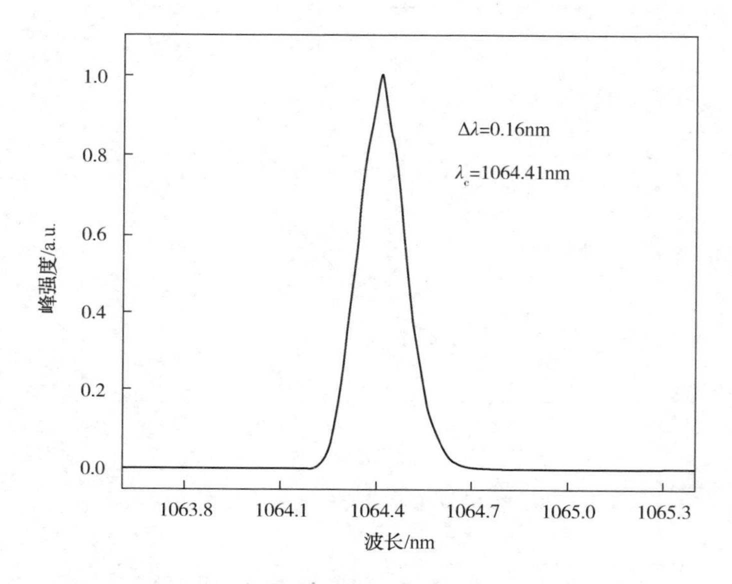

图 7.22 被动调 QNd：YVO_4激光器输出激光光谱图

利用飞秒激光在 Nd-PTR 玻璃内诱导银纳米颗粒作为一种新型 SA，实现了在 Nd：YVO_4激光器中的稳定被动调 Q 输出。与其他研究报道结果相比较，在较小的调制深度下获得了较短的脉冲宽度，但由于连续光泵浦，因此激光器光-光转换效率较低，获得的脉冲能量较小。同时可以看出，该 SA 在光纤激光器中的应用潜力较大。同时由于目前 Nd-PTR 玻璃制备经验不足，在当前实验室条件下，未能获得直接利用 Nd-PTR 玻璃作为激光增益介质的激光输出。基于目前研究基础，在不断改进玻璃制备工艺的基础上，有望实现集成反射镜、输出耦合镜、增益介质、调制器的单片皮秒激光器及集成波导器件。

不同银纳米颗粒可饱和吸收体的激光器参数对比见表 7.1。

表 7.1 不同银纳米颗粒可饱和吸收体的激光器参数对比

激光器类型	调制深度	波长	脉冲宽度	脉冲能量	参考文献
EDFL	18.5%	1564.5nm	2.4μs	132nJ	[187]
EDFL	31.6%	1558.7nm	3.2μs	8.17nJ	[188]
Nd：YVO_4	7.5%	1064.3nm	53ns	38.9μJ	[189]
Nd：YVO_4	2.71%	1064.4nm	205ns	507nJ	本书工作

7.5　本章小结

本章制备并研究了飞秒高斯光束和飞秒零阶贝塞尔光束对 Nd-PTR 玻璃折射率调制的影响。利用 XRD 和 TEM 证实了掺杂稀土离子后的 PTR 玻璃依旧具有非线性光热敏特性，飞秒激光曝光和热处理后样品焦场内部生成了大小为 2～6nm 的纳米结晶颗粒。基于高斯光束在 Nd-PTR 玻璃内部可以诱导产生负向折射率差，在其内部制备了压低包层管状光波导和双线型波导。分别在波导直径为 30μm 和双线间距为 40μm 时，获得了导光性能较好的光波导。最后，利用飞秒激光诱导 Nd-PTR 玻璃内部可产生银纳米颗粒的特性，制备了 SA 并在 Nd：YVO_4激光器中获得了稳定调 Q 激光输出，当泵浦功率为 5.59W 时，激光器获得的最大平均输出激光功率为 173.8mW，对应的最短脉冲宽度为 205ns。

第 8 章

展　望

集成光学、信息处理和光学微流对三维器件构成了强大的推动作用，也开辟了一个全新的技术领域；对传统的光学、机械电子工程、精密机械、材料物理学科的发展提供了极好的机遇和严峻的挑战。超快激光是一种有效的三维微纳制造工具，用可见或近红外飞秒激光已经实现了 10nm 分辨率的制造。基于超快激光微纳制造的三维加工技术正在向产业化方向快速前进，在传统的减材制造、增材制造(多光子聚合)、材料改性(如折射率调控)和表面处理等方面获得了广泛的关注和应用。获取这些重要进展建立在对飞秒激光与物质相互作用过程深刻认识的基础之上，除了超快激光方面的基本知识外，更多地涉及材料对超快激光的反应和动力学过程，通过对超快激光脉冲时空的调制，结合材料制备的附加手段，一步步拓展超快激光制造的潜能。

超快激光对透明材料三维局域可控调制技术及 PTR 玻璃特殊的光热敏特性，赋予了 PTR 材料一系列丰富的非线性效应，拓展了微晶玻璃在不同领域的应用潜力。由于微晶 PTR 玻璃应用领域的扩展和功能的发掘完全依赖于 PTR 玻璃内部纳米结晶颗粒的生长动力学过程，特别是激光曝光区域内纳米结晶颗粒的大小、密度以及微晶成分，都可以直接控制玻璃折射率的调制量，因此需要利用晶体生长仿真软件结合激光在 PTR 玻璃中的能量密度分布，探索 PTR 玻璃中纳米结晶颗粒的生长动力学。另外，在实验中可通过具有时间分辨的技术手段，实时监测 PTR 玻璃内部曝光区域的折射率变化等信息，全面充分解释微晶玻璃中纳米结晶颗粒的生长过程和折射率变化机理，阐明飞秒激光对 PTR 玻璃网络结构的影响、飞秒激光对离子迁移的作用、结晶过程中玻璃化学成分改变等问题。

PTR 玻璃的组分决定了其特性与应用，关于 PTR 玻璃成分的研究方兴未艾。科学运用纳米结晶生长机制，从材料层面开展溴氟含量对光折变的调控；通过掺杂镱、钕、铒等稀土离子，使 PTR 玻璃成为激光介质，研究 PTR 玻璃的光谱发光和激光性能；通过调制掺杂金属离子的直径来改善离子交换特性，实现 PTR 玻璃到 PTR 陶瓷的转变。总之，通过优化 PTR 玻璃体系扩展实现 PTR 玻璃的多功能化，如光折变、光敏、激光、发光、等离子体及离子交换物等功能。从器件方面开展单片集成布拉格光栅、激光介质、饱和吸收功能的微晶玻璃脉冲激光技术、相位型光子筛等方面的应用研究，设计新颖的三维立体纳米结构器件，赋予 PTR 玻璃新的生命力。

利用飞秒激光在透明材料内部实现任意能量局域化的独特性能，可以对 PTR 玻璃的局域折射率进行调制，在 PTR 玻璃内部开发复杂三维嵌入式光子器件。此外，针对 PTR 玻璃的特殊性质，利用飞秒激光非线性曝光技术，结合化学刻蚀和离子交换技术可以在 PTR 玻璃内部制备微流通道、各类不同结构不同功能的光波导，以及基于这类器件的传感器。与此同时，一些基于 PTR 器件的新颖设计概念在多个应用领域不断涌现，如单纵模激光、光谱、光存储、微流、微机械、纳米流体学、光子与量子信息等。目前的挑战在于进一步研究 PTR 玻璃的相关知识，探索光敏、热敏特性以及化学刻蚀敏感特性方面的研究。

基于超快激光技术和光学设计方面的深厚积淀，期望对一些基本的、重要的物理现象获得新颖的、有深刻见解的观点，并且推动晶体生长控制、折射率调控等新概念在制造嵌入系统中的应用。进一步探索超快激光功能化光学材料的新技术和新概念，继续探索纳米晶体形成机理和特性，从而获得可控的、特殊的功能集成嵌入式光子器件。

参 考 文 献

[1] Stookey SD, Beall GH, Pierson JE. Full-color photosensitive glass[J]. Journal of Applied Physics, 1978, 49(10): 5114-5123.

[2] Lumeau J, Glebova L, Glebov L B. Absorption and scattering in photo-thermo-refractive glass induced by UV-exposure and thermal development[J]. Optical Materials, 2014, 36(3): 621-627.

[3] 程金树，李宏，汤李缨，等. 微晶玻璃[M]. 北京：化学工业出版社，2006.

[4] Küper S, Stuke M. Femtosecond uv excimer laser ablation[J]. Applied Physics B, 1987, 44(4): 199-204.

[5] Srinivasan R, Sutcliffe E, Braren B. Ablation and etching of polymethylmethacrylate by very short (160 fs) ultraviolet (308 nm) laser pulses[J]. Applied Physics Letters, 1987, 51(16): 1285-1287.

[6] Kamlage G, Bauer T, Ostendorf A, et al. Deep drilling of metals by femtosecond laser pulses[J]. Applied Physics A, 2003, 77(2): 307-310.

[7] Pan A, Si J, Chen T, et al. Fabrication of two-dimensional periodic structures on silicon after scanning irradiation with femtosecond laser multi-beams[J]. Applied Surface Science, 2016 (368): 443-448.

[8] Li G, Yang L, Wu P, et al. Fish scale inspired design of underwater superoleophobic microcone arrays by sucrose solution assisted femtosecond laser irradiation for multifunctional liquid manipulation[J]. Journal of Materials Chemistry A, 2015, 3(36): 18675-18683.

[9] Shen M Y, Crouch C H, Carey J E, et al. Formation of regular arrays of siliconmicrospikes by femtosecond laser irradiation through a mask[J]. Applied Physics Letters, 2003, 82(11): 1715-1717.

[10] 王锁成，董世运，闫世兴，等. 飞秒激光制备金属表面微纳结构及其技术应用[J]. 激光与光电子学进展，2023，60(17).

[11] Zhang G, Cheng G, Bhuyan M, et al. Efficient point-by-point Bragg gratings fabricated in embedded laser-written silica waveguides using ultrafast Bessel beams[J]. Optics Letters, 2018, 43(9): 2161-2164.

[12] Zhang B, Tan DZ, Wang Z, et al. Self-organized phase-transition lithography for all-inorganic photonic textures[J]. Light: Science&Applications, 2021(10): 93.

[13] Xia H, Wang J, Tian Y, et al. Ferrofluids for fabrication of remotely controllable micro-nanomachines by two-photon polymerization[J]. Advanced Materials, 2010(22): 3204-3207.

[14] Guo R, Xiao S, Zhai X, et al. Micro lens fabrication by means of femtosecond two photon photopolymerization[J]. Optics Express, 2006, 14(2): 810-816.

[15] Thiel M, Rill MS, Freymann GV, et al. Three-dimensional bi-chiral photonic crystals[J]. Advanced Materials, 2009, 21(46): 4680-4682.

[16] Eaton SM, Zhang H, Herman PR, et al. Heat accumulation effects in femtosecond laser-written waveguides with variable repetition rate[J]. Optics Express, 2005, 13(12):

4708–4716.

[17] Lin G, Luo F, He F, et al. Different refractive index change behavior in borosilicate glasses induced by 1 kHz and 250 kHz femtosecond lasers[J]. Optical Materials Express, 2011, 1(4): 724–731.

[18] Hanada Y, Sugioka K, Miyamoto I, et al. Double–pulse irradiation by laser–induced plasma–assisted ablation (LIPAA) and mechanisms study[J]. Applied Surface Science, 2005(248): 276–280.

[19] 张国栋．基于激光–物质相互作用的超短脉冲激光微焊接研究[D]．西安：中国科学院大学(中国科学院西安光学精密机械研究所), 2019.

[20] Chen J, Liu C, Shang S, et al. A review of ultrafast laser materials micromachining[J]. Opticsand Laser Technology, 2013(46): 88–102.

[21] 汪超炜．多材料飞秒激光微加工技术及其应用研究[D]．合肥：中国科学技术大学, 2019.

[22] Chu W, Wang P, Qiao L, et al. High–resolution femtosecond laser 3D micromachining using low–NA focusing systems[C]. SPIE: Frontiers in ultrafast optics: biomedical, scientific, and industrial applications XIX, 2019.

[23] Kawata S, Sun HB, Tanaka T, et al. Finer features for functional microdevices[J]. Nature, 2001, 412(6848): 697–698.

[24] Sugioka K, Cheng Y. A tutorial on optics for ultrafast laser materials processing: basic microprocessing system to beam shaping and advanced focusing methods[J]. Advanced Optical Technologies, 2012, 1(5): 353–364.

[25] Shimotsuma Y, Hirao K, Kazansky PG, et al. Three–dimensional micro– and nano–fabrication in transparent materials by femtosecond laser[J]. Japanese Journal of Applied Physics, 2005, 44(7): 4735–4748.

[26] Davis KM, Miura K, Sugimoto N, et al. Writing waveguides in glass with a femtosecond laser [J]. Optics Letters, 1996, 21(21): 1729–1731.

[27] Homoelle D, Wielandy S, Gaeta AL. et al. Infrared photosensitivity in silica glasses exposed to femtosecond laser pulses[J]. Optics Letters, 1999, 24(18): 1311–1313.

[28] Liu J, Zhang Z, Chang S, et al. Directly writing of 1–to–N optical waveguide power splitters in fused silica glass using a femtosecond laser[J]. Optics Communications, 2005(253): 315–319.

[29] Nolte S, Will M, Burghoff J, et al. Femtosecond waveguide writing: a new avenue to three–dimensional integrated optics[J]. Applied Physics A, 2003, 77(1): 109–111.

[30] Ogawa K, Ishihara H, Goi K, et al. Fundamental characteristics and high–speed applications of carrier–depletion silicon Mach–Zehnder modulators[J]. IEICE Electronics Express, 2014, 11 (24): 20142010.

[31] Liao Y, Xu J, Cheng Y, et al. Electro – optic integration of embedded electrodes and waveguides in $LiNbO_3$ using a femtosecond laser [J]. Optics Letters, 2008, 33 (19): 2281–2283.

[32] Jiang L, Zhao L, Wang S, et al. Femtosecond laser fabricated all–optical fiber sensors with ultrahigh refractive index sensitivity: modeling and experiment[J]. Optics Express, 2011, 19

(18): 17591-17598.

[33] Valle GD, Osellame R, Chiodo N, et al. C-band waveguide amplifier produced by femtosecond laser writing[J]. Optics Express, 2005, 13(16): 5976-5982.

[34] Tan Y, Rodenas A, Chen F, et al. 70% slope efficiency from an ultrafast laser-written Nd: $GdVO_4$ channel waveguide laser[J]. Optics Express, 2010, 18(24): 24994-24999.

[35] Sansoni L, Sciarrino F, Vallone G, et al. Polarization entangled state measurement on a chip [J]. Physical Review Letters, 2011, 105(20): 200503.

[36] Tang H, Lin X F, Feng Z, et al. Experimental two-dimensional quantumwalk on a photonic chip[J]. Science Advances, 2017, 4(5): 3174.

[37] Cheng Y, Tsai HL, Sugioka K, et al. Fabrication of 3D microoptical lenses in photosensitive glass using femtosecond laser micromachining[J]. Applied Physics A, 2006, 85(1): 11-14.

[38] Yamada K, Watanabe W, Li Y, et al. Multilevel phase-type diffractive lenses in silica glass induced by filamentation of femtosecond laser pulses[J]. Optics Letters, 2004, 29(16): 1846-1848.

[39] Zhang H, Eaton SM, Li J, et al. Femtosecond laser direct writing of multiwavelength Bragggrating waveguides in glass[J]. Optics Letters, 2007, 31(23): 3495-3497.

[40] Lin J, Yu S, Ma Y, et al. On-chip three-dimensional high-Q microcavities fabricated by femtosecond laser direct writing[J]. Optics Express, 2012, 20(9): 10212-10217.

[41] Jason CN, Peter RH, Li Q. Second harmonic generation via femtosecond laser fabrication of poled, quasi-phase-matched waveguides in fused silica[J]. Optics Letters, 2017, 42(2): 195-198.

[42] Glezer EN, Milosavljevic M, Huang L, et al. Three-dimensional optical storage inside transparent materials[J]. Optics Letters, 1996, 21(24): 2023-2025.

[43] Zhang J, Gecevicius M, Beresna M, et al. Seemingly unlimited lifetime data storage in nanostructured glass[J]. Physical Review Letters, 2014, 112(3): 033901.

[44] Sun K, Tan D Z, Song J, et al. Highly emissive deep-red perovskite quantum dots in glass: photoinduced thermal engineering and applications[J]. Advanced Optical Materials, 2021, 9 (11): 2100094.

[45] Watanabe W, Li Y, Itoh K. Ultrafast laser micro-processing of transparent material[J]. Opticsand Laser Technology, 2016, 78: 52-61.

[46] Li Y, Qu S. Femtosecond laser-induced breakdown in distilled water for fabricating the helical microchannels array[J]. Optics Letters, 2011, 36(21): 4236-4238.

[47] Wang C, Yang L, Zhang C, et al. Multilayered skyscraper microchips fabricated by hybrid "all-in-one" femtosecond laser processing[J]. Microsystemsand Nanoengineering, 2019 (5): 17.

[48] Tamaki T, Watanabe W, Nishii J, et al. Welding of transparent materials using femtosecond laser pulses[J]. Japanese Journal of Applied Physics, 2005, 44(20): 687-689.

[49] Richter S, Dring S, Tünnermann A, et al. Bonding of glass with femtosecond laser pulses at high repetition rates[J]. Applied Physics A, 2011, 103(2): 257-261.

[50] Volpe A, Niso FD, Gaudiuso C, et al. Welding of PMMA by a femtosecond fiber laser[J].

Optics Express, 2015, 23(4): 4114-4124.

[51] Kim S, Park J, So S, et al. Characteristics of an implantable blood pressure sensor packaged by ultrafast lasermicrowelding[J]. Sensors, 2019, 19(8): 1801.

[52] 田英良，孙诗兵．新编玻璃工艺学[M]. 北京：中国轻工业出版社，2009.

[53] 千福熹．无机玻璃物理性质计算和成分设计[M]. 上海：上海科学技术出版社，1981.

[54] 西北轻工业学院．玻璃工艺学[M]. 北京：中国轻工业出版社，2006.

[55] 熊宝星．光热敏折变玻璃的制备及其体布拉格光栅特性研究[D]. 苏州：苏州大学，2012.

[56] Lumeau J, Zanotto ED. A review of the photo-thermal mechanism and crystallization of photo-thermo-refractive (PTR) glass[J]. International Materials Reviews, 2016, 62(6): 348-366.

[57] Lumeau J, Glebova L, Glebov LB. Influence of UV-exposure on the crystallization and optical properties of photo-thermo-refractive glass[J]. Journal of Non-Crystalline Solids, 2008(354): 425-430.

[58] Brandily-Anne ML, Lumeau J, Glebova L, et al. Specific absorption spectra of cerium in multicomponent silicate glasses[J]. Journal of Non-Crystalline Solids, 2010(356): 2337-2343.

[59] Efimov AM, Ignatiev AI, Nikonorov NV, et al. Quantitative UV-VIS spectroscopic studies of photo-thermo-refractive glasses. I. Intrinsic, bromine-related, and impurity-related UV absorption in photo-thermo-refractive glass matrices[J]. Journal of Non-Crystalline Solids, 2011(357): 3500-3512.

[60] Magon CJ, Gonzalez J, Lima JF, et al. Electron Paramagnetic Resonance (EPR) studies on the photo-thermo ionization process of photo-thermo-refractive glasses[J]. Journal of Non-Crystalline Solids, 2016(452): 320-324.

[61] Divliansky I. Volume Bragg gratings: fundamentals and applications in laser beam combining and beam phase transformations[M]. Intechopen, 2017.

[62] Smirnov V, Lumeau J, Mokhov S, et al. Ultranarrow bandwidth moiré reflecting Bragg gratings recorded in photo-thermo-refractive glass[J]. Optics Letters, 2010, 35(4): 592-594.

[63] Segall M, Rotar V, Lumeau J, et al. Binary volume phase masks in photo-thermo-refractive glass[J]. Optics Letters, 2012, 37(7): 1190-1192.

[64] Chen P, Jin Y, He D, et al. Design and fabrication of multiplexed volume Bragg gratings as angle amplifiers in high power beam scanning system[J]. Optics Express, 2018, 26(19): 25336-25346.

[65] Siiman LA, Lumeau J, Canioni L, et al. Ultrashort laser pulse diffraction by transmitting volume Bragg gratings in photo-thermo-refractive glass[J]. Optics Letters, 2009, 34(17): 2572-2574.

[66] Vorobiev N, Glebov L, Smirnov V. Single-frequency-mode Q-switched Nd: YAG and Er: glass lasers controlled by volume Bragg gratings[J]. Optics Express, 2008, 16(12): 9199-9204.

[67] Ott D, Divliansky I, Anderson B, et al. Scaling the spectral beam combining channels in a multiplexed volume Bragg grating[J]. Optics Express, 2013, 21(24): 29620-29627.

[68] Glebov L, Smirnov V, Rotari E, et al. Volume-chirped Bragg gratings: monolithic components

for stretching and compression of ultrashort laser pulses[J]. Optical Engineering, 2014, 53(5): 051514.

[69] Andrusyak O, Canioni L, Cohanoschi I, et al. Cross-correlation technique for dispersion characterization of chirped volume Bragg gratings[J]. Applied Optics, 2009, 48(30): 5786-5792.

[70] Aseev VA, Nikonorov NV. Spectroluminescence properties of photothermorefractive nanoglass-ceramics doped with ytterbium and erbium ions[J]. Journal of Optical Technology, 2008, 75(10): 676-681.

[71] Nikonorov N, Ivanov S, Kozlova D, et al. Effect of rare-earth-dopants on Bragg gratings recording in PTR glasses [C]. SPIE: Holography: Advances and Modern Trends V, 102330P, 2017.

[72] Nasser K, Aseev V, Ivanov S, et al. Spectroscopic and laser properties of erbium and ytterbium co- doped photo - thermo - refractive glass [J]. Ceramics International, 2020, 46(16): 26282-26288.

[73] Glebova L, Lumeau J, Glebov LB. Photo-thermo-refractive glass co-doped with Nd^{3+} as a new laser medium[J]. Optical Materials, 2011(33): 1970-1974.

[74] Sato Y, Taira T, Smirnov V, et al. Spectroscopic Characteristics of Nd^{3+}-doped photo-thermo-refractive glass[C]. Conference on Lasersand Electro-optics, 2009.

[75] Sato Y, Taira T, Smirnov V, et al. Laser oscillation of Nd^{3+}-doped photo-thermo-refractive glass under diode laser pumping[C]. Conference on Lasers and Electro-Optics, 2010.

[76] Sato Y, Taira T, Smirnov V, et al. Continuous-wave diode-pumped laser action of Nd-doped photo-thermo-refractive glass[J]. Optics Letters, 2011, 36(12): 2257-2259.

[77] Ryasnyanskiy A, Vorobiev N, Smirnov V, et al. DBR and DFB lasers in neodymium- and ytterbium-doped photothermorefractive glasses[J]. Optics Letters, 2014, 39(7): 2156-2159.

[78] Kompan F, Divliansky I, Smirnov V, et al. Holographic lens for 532nm in photo-thermo-refractive glass[J]. Optics and Laser Technology, 2018(105): 264-267.

[79] Siiman LA, Lumeau J, Glebov LB. Nonlinear photosensitivity of photo-thermo-refractive glass by high intensity laser irradiation[J]. Journal of Non-Crystalline Solids, 2008, 354(34): 4070-4074.

[80] Siiman LA, Lumeau J, Glebov LB. Nonlinear photoionization and laser-induced damage in silicate glasses by infrared ultrashort laser pulses[J]. Applied Physics B, 2009, 96(1): 127-134.

[81] Siiman LA, Lumeau J, Glebov LB. Phase Fresnel lens recorded in photo-thermo-refractive glass by selective exposure to infrared ultrashort laser pulses[J]. Optics Letters, 2009, 34(1): 40-42.

[82] Zhang YJ, Zhang GD, Chen CL, et al. Transmission volume phase holographic gratings in photo-thermo-refractive glass written with femtosecond laser Bessel beams[J]. Optical Materials Express, 2016, 6(11): 3491-3499.

[83] Zhang YJ, Zhang GD, Chen CL, et al. Double line and tubular depressed cladding waveguides written by femtosecond laser irradiation in PTR glass[J]. Optical Materials Express, 2017, 7(7): 2626-2635.

[84] Mishchik K, D'Amico C, Velpula PK, et al. Ultrafast laser induced electronic and structural modifications in bulk fused silica[J]. Journal of Applied Physics, 2013, 114(13): 133502.
[85] Bressel L, Ligny DD, Gamaly EG, et al. Observation of O_2 inside voids formed in GeO_2 glass by tightly-focused fs-laser pulses[J]. Optical Materials Express, 2011, 1(6): 1150-1157.
[86] Marburger JH. Self-focusing: Theory[J]. Progress in Quantum Electronics: 1975(4): 35-110.
[87] Stoian R. Volumephotoinscription of glasses: three-dimensional micro- and nanostructuring with ultrashort laser pulses[J]. Applied Physics A, 2020, 126(6): 438.
[88] Kim CM, Nam CH. Selection of an electron path of high-order harmonic generation in atwo-colour femtosecond laser field[J]. Journal of Physics B Atomic Molecular and Optical Physics, 2006, 39(16): 3199-3209.
[89] Penetrante BM, Bardsley JN, Wood WM, et al. Ionization-induced frequency shifts in intense femtosecond laser pulses[J]. Journal of the Optical Society of America B, 1992, 9(11): 2032-2041.
[90] Keldysh LV. Ionization in the field of a strong electromagnetic wave[J]. Zheksperimi Teorfiz, 1965, 20(5): 2307-1314.
[91] Stoian R, Boyle M, Thoss A, et al. Dynamic temporal pulse shaping in advanced ultrafast laser material processing[J]. Applied Physics A, 2003, 77(2): 265-269.
[92] Bulgakova NM, Stoian R, Rosenfeld A. Laser-induced modification of transparent crystals and glasses[J]. Quantum Electronics, 2010, 40(11): 966-985.
[93] Hongo T, Sugioka K, Niino H, et al. Investigation of photoreaction mechanism of photosensitive glass by femtosecond laser[J]. Journal of Applied Physics, 2005, 97(6): 063517.
[94] Osellame R, Cerullo G, Ramponi R. Femtosecond laser micromachining[M]. Springer, 2012.
[95] Dubrovin VD, Ignatiev AI, Nikonorov NV. Chloride photo-thermo-refractive glasses[J]. Optical Materials Express, 2016, 6(5): 1701-1713.
[96] Dubrovin V, Nikonorov N, Ignatiev A. Bromide photo-thermo-refractive glass for volume Bragg gratings and waveguide structure recording[J]. Optical Materials Express, 2017, 7(7): 2280-2292.
[97] Bhuyan MK, Velpula PK, Colombier JP, et al. Single-shot high aspect ratio bulk nanostructuring of fused silica using chirp-controlled ultrafast laser Bessel beams[J]. Applied Physics Letters, 2014, 104(2): 219-377.
[98] Efimov OM, Glebov LB, Andre HP. Measurement of the induced refractive index in a photothermorefractive glass by a liquid-cell shearing interferometer[J]. Applied Optics, 2002, 41(10): 1864-1871.
[99] Lumeau J, Glebova L, Golubkov V, et al. Origin of crystallization-induced refractive index changes in photo-thermo-refractive glass[J]. Optical Materials, 2009, 32(1): 139-146.
[100] Almeida JMP, Boni LD, Avansi W, et al. Generation of copper nanoparticles induced by fs-laser irradiation in borosilicate glass[J]. Optics Express, 2012, 20(14): 15106-15113.
[101] Klyukin DA, Dubrovin VD, Pshenova AS, et al. Formation of luminescent and nonluminescent silver nanoparticles in silicate glasses by near-infrared femtosecond laser pulses and subsequent thermal treatment: the role of halogenides[J]. Optical Engineering, 2016, 55(6): 067101.

[102] Marquestaut N, Petit Y, Royon A, et al. Three-dimensional silver nanoparticle formation using femtosecond laser irradiation in phosphate glasses: analogy with photography[J]. Advanced Functional Materials, 2015, 24(37): 5824-5832.

[103] Vangheluwe M, Petit Y, Marquestaut N, et al. Nanoparticle generation inside Ag-doped LBG glass by femtosecond laser irradiation[J]. Optical Materials Express, 2016, 6(3): 743-748.

[104] Chamma K, Lumeau J, Glebova L, et al. Generation and bleaching of intrinsic color centers in photo-thermo-refractive glass matrix[J]. Journal of Non-crystalline Solids, 2010, 356(44): 2363-2368.

[105] Efimov OM, Gabel K, Garnov SV, et al. Color-center generation in silicate glasses exposed to infrared femtosecond pulses[J]. Journal of the Optical Society of America B, 1998, 15(1): 193-199.

[106] Michele VD, Royon M, Marin E, et al. Near-IR-and UV-femtosecond laser waveguide inscription in silica glasses[J]. Optical Materials Express, 2019, 9(12): 4624-4633.

[107] Sidorov AI, Nikonorov NV, Ignatiev AI, et al. The effect of UV irradiation and thermal treatments on structural properties of silver-containing photo-thermo-refractive glasses: studies by Raman spectroscopy[J]. Optical Materials, 2019(98): 109422.

[108] Koubassov V, Laprise JF, Theberge F, et al. Ultrafast laser-induced melting of glass[J]. Applied Physics A, 2004, 79(3): 499-505.

[109] Dai Y, Yu G, He M, et al. High repetition rate femtosecond laser irradiation-induced elements redistribution in Ag-doped glass[J]. Applied Physics B, 2011, 103(3): 663-637.

[110] Loginov E, Gomez LF, Chiang N, et al. Photoabsorption of AgN(N~6-6000) nanoclusters formed in helium droplets: transition from compact to multicenter aggregation[J]. Physical Review Letters, 2011, 106(23): 233401.

[111] Hashimoto S, Werner D, Uwada T. Studies on the interaction of pulsed lasers with plasmonic gold nanoparticles toward light manipulation, heat management, and nanofabrication[J]. Journal of Photochemistry and Photobiology C Photochemistry Reviews, 2012, 13(1): 28-54.

[112] Arnold GW. Near-surface nucleation and crystallization of an ion-implanted lithia-alumina-silica glass[J]. Journal of Applied Physics, 1975, 46(10): 4466-4473.

[113] Díez I, Ras R. Fluorescent silver nanoclusters[J]. Nanoscale, 2011, 3(5): 1963-1970.

[114] Zaid MH, Matori KA, Aziz SHA, et al. Comprehensive study on compositional dependence of optical band gap in zinc soda lime silica glass system for optoelectronic applications[J]. Journal of Non-Crystalline Solids, 2016(449): 107-112.

[115] Kindrat II, Padlyak BV, Drzewiecki A. Luminescence properties of the Sm-doped borate glasses[J]. Journal of Luminescence, 2015(166): 264-275.

[116] Mel´nikov NI, Peregood DP, Zhitnikov RA. Investigation of silver centres in glassy B_2O_3[J]. Journal of Non-Crystalline Solids, 1974, 16(2): 195-205.

[117] Lin G, Luo F, He F, et al. Different refractive index change behavior in borosilicate glasses induced by 1 kHz and 250 kHz femtosecond lasers[J]. Optical Materials Express, 2011, 1(4): 724-731.

[118] Lumeau J, Glebova L, Glebov LB. Near-IR absorption in high-purity photothermorefractive glass and holographic optical elements: measurement and application for high-energy lasers [J]. Applied Optics, 2011, 50(30): 5905-5911.

[119] Patterson AL. The Scherrer formula for X-Ray particle size determination[J]. Physical Review, 1939, 56(10): 978-982.

[120] Doumeng M, Makhlouf L, Berthet F, et al. A comparative study of the crystallinity of polyetheretherketone by using density, DSC, XRD, and Raman spectroscopy techniques[J]. Polymer Testing, 2020(93): 106878.

[121] Dyamant I, Abyzov AS, Fokin VM, et al. Crystal nucleation and growth kinetics of NaF in photo-thermo-refractive glass[J]. Journal of Non-Crystalline Solids, 2013(378): 115-120.

[122] Pacchioni G, Skuja L, Griscom DL. Optical properties of defects in silica[M]. Springer, 2000: 73-116.

[123] Griscom DL. Trapped-electron centers in pure and doped glassy silica: A review and synthesis [J]. Journal of Non-Crystalline Solids, 2011(357): 1945-1962.

[124] Vailionis A, Gamaly EG, Mizeikis V, et al. Evidence of superdense aluminium synthesized by ultrafast microexplosion[J]. Nature Communications, 2011, 2(1): 445.

[125] An JW, Kim N, Lee KW. Volume holographic wavelength demultiplexer based on rotation multiplexing in the 90° geometry[J]. Optics Communications, 2001, 197(4): 247-254.

[126] Dittrich P, Montemezzani G, Günter P. Tunable optical filter for wavelength division multiplexing using dynamic interband photorefractive gratings[J]. Optics Communications, 2002, 214 (1): 363-370.

[127] Petrov VM, Lichtenberg S, Chamrai AV, et al. Controllable Fabry-Perot interferometer based on dynamic volume holograms[J]. Thin Solid Films, 2004, 450(1): 178-182.

[128] Zhou J, Tang W, Liu D. Analysis of polarization properties of reflection volume holographic grating[J]. Optics Communications, 2001, 196(1-6): 77-84.

[129] Chen JH, Su DC, Su JC. Shrinkage- and refractive-index shift-corrected volume holograms for optical interconnects[J]. Applied Physics Letters, 2002, 81(8): 1387-1389.

[130] Butler JJ, Rodriguez MA, Malcuit MS, et al. Polarization-sensitive holograms formed using DMP-128 photopolymer[J]. Optics Communications, 1998, 155(1-3): 23-27.

[131] Borgman VA, Glebov LB, Nikonorov NV, et al. Photothermal refractive effect in silicate glasses[J]. Soviet Physics Doklady, 1989(34): 1011.

[132] Glebov LB, Nikonorov NV, Panysheva EI, et al. New ways to use photosensitive glasses for recording volume phase holograms[J]. Optics & Spectroscopy, 1992, 73(2): 237-241.

[133] Glebov LB, Smirnov VI, Stickley CM, et al. New approach to robust optics for HEL systems [J]. Proceedings of SPIE-The International Society for Optics and Photonics, 2002, 4724: 101-110.

[134] Kogelnik H. Coupled wave theory for thick hologram gratings[J]. Bell Labs Technical Journal, 1969, 48(10): 2909-2947.

[135] Mccall MW. Axial electromagnetic wave propagation in inhomogeneous dielectrics[J]. Mathematical & Computer Modelling, 2001, 34(12-13): 1483-1497.

[136] Moharam MG, Gaylord TK. Rigorous coupled-wave analysis of planar-grating diffraction [J]. Journal of the Optical Society of America, 1981, 71(7): 811-818.

[137] Yevick D, Thylen L. Analysis of gratings by the beam-propagation method[J]. Journal of the Optical Society of America, 1982, 72(8): 1084-1089.

[138] Ciapurin IV, Glebov LB, Smirnov VI. Modeling of gaussian beam diffraction on volume Bragg gratings in PTR glass[J]. Proceedings of SPIE-The International Society for Optics and Photonics, 2005, 5742: 183-195.

[139] Vorobiev N, Smirnov V, Glebov L. Single-frequency-mode Q-switched Nd: YAG laser controlled by volume Bragg gratings[J]. Advanced Solid-State Photonics. Optical Society of America, 2008: MC11.

[140] 闫爱民，刘立人，刘德安，等. 光轴方向任意时光折变晶体中体全息光栅的衍射性质[J]. 光学学报，2006，26(3)：321-325.

[141] 康治军，王智勇，刘学胜，等. 体全息光栅外腔半导体激光器列阵的光谱特性[J]. 半导体光电，2007，28(6)：781-784.

[142] 占生宝，赵尚弘，胥杰，等. 基于透射体布拉格光栅频谱组束的研究[J]. 光电子·激光，2008，19(3)：318-321.

[143] 李松柏，杨敏. 基于透射型体布拉格光栅衍射效率的研究[J]. 西南大学学报(自然科学版)，2011，33(9)：67-71.

[144] 吴青晴，张翔，封建胜，等. 基于光热敏折变玻璃的透射型体布拉格光栅角度选择性研究[J]. 光学学报，2012，32(12)：43-48.

[145] 熊宝星，袁孝，张翔，等. 光热敏折变玻璃及其布拉格体光栅特性研究[J]. 光学学报，2012，32(8)：124-129.

[146] Durnin J. Exact solutions for nondiffracting beams. I. The scalar theory[J]. Journal of the Optical Society of America A, 1987(4): 651-654.

[147] Durnin J, Jr JJM, Eberly JH. Diffraction-free beams[J]. Physical Review Letters, 1987, 58(15): 1499.

[148] 邢笑雪，吴逢铁，张建荣. 无衍射 J_0 光束的理论分析[J]. 华侨大学学报(自然版)，2006，27(1)：31-34.

[149] Lan L. Description of Bottle Beam and Reconstruction of Bessel Beam Based on Diffraction Integral Theory[J]. Acta Optica Sinica, 2008, 28(2): 370-374.

[150] Scott G, Mcardle N. Efficient generation of nearly diffraction-free beams using an axicon [J]. Optical Engineering, 1992, 59(31): 2640-2643.

[151] Turunen J, Vasara A, Friberg AT. Holographic generation of diffraction-free beams[J]. Applied Optics, 1988, 27(19): 3959-3962.

[152] Vasara A, Turunen J, Friberg AT. Realization of general nondiffracting beams with computer-generated holograms[J]. Journal of the Optical Society of America A-optics Image Science & Vision, 1989, 6(11): 1748-1754.

[153] Tsangaris CL, New GHC, Rogel-Salazar J. Unstable Bessel beam resonator[J]. Optics Communications, 2003, 223(4-6): 233-238.

[154] Rogel-Salazar J, New GHC, Chávez-Cerda S. Bessel-Gauss beam optical resonator[J].

Optics Communications, 2001, 190(1-6): 117-122.

[155] Cox AJ, Dibble DC. Nondiffracting beam from a spatially filtered Fabry-Perot resonator[J]. Journal of the Optical Society of America A, 1992, 9(2): 282-286.

[156] Wu F, Chen Y, Guo D, et al. Parameters analysis and measurement of nanosecond diffraction-free bessel laser pulse[J]. Chinese Journal of Lasers, 2007, 34(8): 1073-1076.

[157] Wu F, Chen Y, Guo D. Nanosecond pulsed Bessel-Gauss beam generated directly from a Nd: YAG axicon-based resonator[J]. Applied Optics, 2007, 46(22): 4943-4947.

[158] 卢文和，吴逢铁，郑维涛．透镜轴棱锥产生近似无衍射贝塞尔光束[J]．光学学报，2010，30(6)：1618-1621.

[159] Durnin J. Exact solutions for nondiffracting beams. I. The scalar theory[J]. Journal of the Optical Society of America A, 1987, 4(4): 651-654.

[160] Durnin J, Jr MJ, Eberly JH. Diffraction-free beams[J]. Physical Review Letters, 1987, 58(15): 1499-1501.

[161] Gaizauskas E, Vanagas E, Jarutis V, et al. Discrete damage traces from filamentation of Gauss-Bessel pulses[J]. Optics Letters, 2006, 31(1): 80-82.

[162] Boukenter A, Caillaud C, Amico CD, et al. Ultrafast laser-induced refractive index changes in $Ge_{15}As_{15}S_{70}$ chalcogenide glass[J]. Optical Materials Express, 2016, 6(6): 1914-1928.

[163] Taylor R, Hnatovsky C, Simova E, et al. Ultra-high resolution index of refraction profiles of femtosecond laser modified silica structures[J]. Optics Express, 2003. 11(7): 775-781.

[164] Mauclair C, Cheng G, Huot N, et al. Dynamic ultrafast laser spatial tailoring for parallel micromachining of photonic devices in transparent materials[J]. Optics Express, 2009, 17(5): 3531-3542.

[165] Liu J, Zhang Z, Chang S, et al. Directly writing of 1-to-N optical waveguide power splitters in fused silica glass using a femtosecond laser[J]. Optics Communications, 2005, 253(4-6): 315-319.

[166] Marshall GD, Ams M, Withford MJ. Direct laser written waveguide-Bragg gratings in bulk fused silica[J]. Optics Letters, 2006, 31(18): 2690-2691.

[167] Della VG, Taccheo S, Osellame R, et al. 1.5 mum single longitudinal mode waveguide laser fabricated by femtosecond laser writing[J]. Optics Express, 2007, 15(6): 3190-3194.

[168] Caccavale F, Segato F, Mansour I, et al. A finite differences method for the reconstruction of refractive index profiles from nearfield measurements[J]. Journal of Lightwave Technology, 1998, 16(7): 1348-1353.

[169] Lumeau J, Glebova L, Golubkov V, et al. Origin of crystallization-induced refractive index changes in photo-thermo-refractive glass[J]. Optical Materials, 2010, 32(1): 139-146.

[170] Ams M, Marshall G, Spence D, et al. Slit beam shaping method for femtosecond laser direct-write fabrication of symmetric waveguides in bulk glasses[J]. Optics Express, 2005, 13(15): 5676-5681.

[171] Cerullo G, Osellame R, Taccheo S, et al. Femtosecond micromachining of symmetric waveguides at 1.5 microm by astigmatic beam focusing[J]. Optics Letters, 2002, 27(21): 1938-1940.

[172] Okhrimchuk A. Femtosecond fabrication of waveguides in ion-doped laser crystals[M]. Coher-

ence and Ultrashort Pulse Laser Emission, InTech, 2010.

[173] Mermillod-Blondin A, Burakov IM, Meshcheryakov YP, et al. Flipping the sign of refractive index changes in ultrafast and temporally shaped laser-irradiated borosilicate crown optical glass at high repetition rates[J]. Physical Review B, 2008, 77(10): 104205.

[174] Morikawa J, Orie A, Hashimoto T, et al. Thermal and optical properties of the femtosecond-laser-structured and stress-induced birefringent regions in sapphire[J]. Optics Express, 2010, 18(8): 8300-8310.

[175] Juodkazis S, Nishimura K, Tanaka S, et al. Laser-induced microexplosion confined in the bulk of a sapphire crystal: evidence of multimegabar pressures[J]. Physical Review Letters, 2006, 96(16): 166101.

[176] Jerrard HG. Acousto-optics. Optics & Laser Technology[J]. 1979, 11(4): 221-222.

[177] 张泽宇，安海涛，王旭，等．飞秒激光在掺 Nd^{3+} 光热敏折变玻璃中写入光波导[J]．光子学报，2019，48(3)：031400.

[178] D′amico C, Caillaud C, Velpula P K, et al. Ultrafast laser-induced refractive index changes in $Ge_{15}As_{15}S_{70}$ chalcogenide glass[J]. Optical Materials Express, 2016, 6(6): 1914-1928.

[179] Polesana P, Franco M, Couairon A, et al. Filamentation in Kerr media from pulsed Bessel beams[J]. Physical Review A, 2008, 77(4): 043814.

[180] 张云婕．飞秒激光曝光 PTR 玻璃机理与应用研究[D]．西安：西北工业大学，2018.

[181] Ganeev RA, Tugushev RI, Usmanov T. Application of the nonlinear optical properties of platinum nanoparticles for the mode locking of Nd: glass laser[J]. Applied Physics B, 2009, 94(4): 647-651.

[182] Fan D, Mou C, Bai X, et al. Passively Q-switched erbium-doped fiber laser using evanescent field interaction with gold-nanosphere based saturable absorber[J]. Optics Express, 2014, 22(15): 18537-18542.

[183] Gurudas U, Brooks E, Bubb D, et al. Saturable and reverse saturable absorption in silver nanodots at 532 nm using picosecond laser pulses[J]. Journal of Applied Physics, 2008(104): 073107.

[184] Guo H, Feng M, Song F, et al. Q-switched erbium-doped fiber laser based on silver nanoparticles as a saturable absorber[J]. IEEE Photonics Technology Letters, 2015, 28(2): 135-138.

[185] Ahmad H, Rusian NE, Ismail MA, et al. Silver nanoparticle-film based saturable absorber for passively Q-switched erbium-doped fiber laser (EDFL) in ring cavity configuration[J]. Laser Physics, 2016(26): 095103.

[186] Zhang G, Li G, Zhang Y, et al. Method of encapsulating silver nanodots using porous glass and its application in Q-switched all solid-state laser[J]. Optics Express, 2019, 27(4): 5337-5345.